U0183917

图解 数据
算法 与 结构

贾 壮 ◎编著

中国铁道出版社有限公司
CHINA RAILWAY PUBLISHING HOUSE CO., LTD.

北 京

内 容 简 介

本书通过图解和示例的方式，对数据结构与算法相关的知识进行讲解。全书主要包括算法相关的基本概念和递归、回溯、动态规划等经典算法思想，以及数组排序、树的遍历、图的最短路径、栈等经典数据结构中的算法及相关应用等内容。另外，针对一些经典算法的设计思路和实现过程进行了详细分析和讲解，力求使读者可以比较轻松地理解算法的逻辑和原则，学习到算法开发的基础知识，并应用到自己的学习和工作中。

本书适合计算机和信息类专业的学生学习，也可作为编程开发与算法技术相关方向从业人员的参考书。

图书在版编目（CIP）数据

图解算法与数据结构/贾壮编著 . —北京：中国铁道出版社
有限公司，2024. 2
ISBN 978-7-113-30675-5

Ⅰ.①图…　Ⅱ.①贾…　Ⅲ.①算法分析-图解②数据结构-
图解　Ⅳ.①TP301. 6-64②TP311. 12-64

中国国家版本馆 CIP 数据核字（2023）第 210901 号

书　　　名：**图解算法与数据结构**
　　　　　　TUJIE SUANFA YU SHUJU JIEGOU
作　　　者：贾　壮

责任编辑：于先军　　　　编辑部电话：（010）51873026　　电子信箱：46768089@ qq. com
封面设计：宿　萌
责任校对：苗　丹
责任印制：赵星辰

出版发行：中国铁道出版社有限公司（100054，北京市西城区右安门西街 8 号）
网　　址：http：//www. tdpress. com
印　　刷：北京盛通印刷股份有限公司
版　　次：2024 年 2 月第 1 版　2024 年 2 月第 1 次印刷
开　　本：787 mm×1 092 mm　1/16　印张：13.25　字数：320 千
书　　号：ISBN 978-7-113-30675-5
定　　价：69.80 元

前　言

在科技迅速发展的今天，计算机和编程开发技术在各个行业都有了广泛应用。其中，数据结构与算法作为计算机科学领域中不可或缺的基石，无论是软件开发、数据处理与分析，还是人工智能算法研发，深入理解和掌握数据结构与算法都是十分必要的。本书旨在为读者提供一本图解和示例丰富的入门读物，帮助初学者轻松理解和学习这个复杂而又重要的领域。

众所周知，数据结构与算法是计算机相关行业和领域的核心内容，由于这些内容相对较为理论化，因此对于初学者来说，往往面临对抽象的理论难以形象化地理解并转化到实际应用中，以及较难全面系统地入门并整体把握该技术领域等问题。为了解决上述问题，笔者在写作时尽可能地从初学者的角度和体验出发，以图解和示例为主要手段，将复杂的概念简化并形象化，从而让读者可以更加轻松地理解算法领域相关的经典问题及其处理方式，并通过相关示例来帮助读者更好地理解和应用这些概念。

书中从算法的基本概念开始，先对常见的数据结构（链表、树、图等）及基础的算法（哈希算法、树的遍历等）进行讲解。然后，介绍了一些算法中的经典问题，如八皇后问题、汉诺塔问题等，通过这些问题来说明算法思想在实际问题中的应用方式。最后，对一些较为巧妙的算法进行了简要的介绍，从而使读者可以了解算法对于实际问题的构思和处理方式。

本书主要分为以下四个部分：

第 1~3 章为基础概念介绍，主要包括算法的定义与评价方式；各种常见的数据结构的定义和概念来源；另外还对 Python 相关的基本操作与常用的语句进行介绍，方便读者更好地理解后续的代码示例。

第 4~7 章为算法思想及其应用。在这一部分，主要对几种经典并且常用的算法思想进行介绍，如递归、二分法与分治法、回溯法及动态规划等。为了更加形象和易于理解这些思想，书中都以一个简单的问题场景或者经典问题进行引入，然后通过对问题的分析，逐步发现解法中蕴含的通用思想，再通过其他案例来说明该思想的普适性及算法问题之间的共通性。

第 8~12 章为数据结构的算法。包括数组的排序算法、树的遍历算法、图的最短路径算法、栈结构的应用算法，以及哈希表及其基本原理。对于这些经典数据结构算法的理解可以帮助我们在应用时更好地选择合适的数据结构，并了解一些常用的编程操作中的底层原理。

第 13~16 章为经典算法例解，即对于几个经典算法进行详细拆解和图示。这一部分选取了以下几个算法：经典的 KMP 字符串匹配算法、最优匹配的匈牙利算法、推荐相关的协同过滤算法，以及大规模检索中用到的位图算法和布隆过滤器。这些算法原理直观，实现简洁，有助于读者领略算法的巧妙性和简洁性。

　　本书的主要特点是注重图解和示例。通过直观的图示和实际的代码示例，读者能够更快地掌握数据结构与算法的核心思想并熟悉应用场景，对于重要概念及算法步骤，本书都尽量以图解的形式呈现，并配合相关的示例代码，帮助读者逐步构建对数据结构与算法的直观认识。为便于上手，本书所有代码均采用 Python 语言实现，一方面由于 Python 是当前数据处理与人工智能等领域常用的实验和开发工具语言，熟练掌握 Python 有助于后续在算法工程师职业路线发展中进行深入的学习和研究；另一方面，Python 的语法结构更加直观易懂，与算法中常用的自然语言伪代码更加接近，运行测试及代码编写相对简单，因此有助于减少编码语言的隔阂，更加聚焦于算法逻辑相关内容的学习。

　　另外，对于算法思想类的介绍，本书通过一些具体的问题作为引子，通过讨论这些经典问题的解决方案，在分析中逐渐发现和总结出可以推广和泛化的算法思想，并应用于更多的案例。相比于直接从概念开始介绍的常规方法，通过问题引导的方式可以更好地帮助读者建立对于算法的直觉，并培养正确分析问题的思路。

　　本书适合计算机和信息类专业的学生学习，也可作为编程开发与算法技术相关方向从业人员的参考书。

贾壮

2024 年 1 月

目　　录

第1章 算法的基本概念

"千里之行，始于足下"。本章介绍算法的概念、特性、起源和历史，以及常用的算法评价标准和复杂度表示法，从而对算法形成一个初步的了解。

1.1 算法是什么

在计算机领域中，算法（algorithm）通常是指一个指令序列，或者操作步骤。这种操作序列是用来解决某个问题，且可以在有限的时间空间中表示出来。

这个定义似乎有些抽象，我们不妨想象一个场景：假如你要从家中去另外一个城市拜访朋友，你需要怎么做呢？一个通常的流程如下：

- 先从网上订一张机票；
- 乘坐出租车到机场；
- 取登机牌；
- 进行安检；
- 乘坐飞机；
- 飞机到达后，从机场坐车去朋友家。

由此可以看到，通过这个过程我们解决了一个问题，或者说，实现了一个目标，那就是"去朋友家拜访"，而整个过程中包含多个步骤，每一步都是清楚明确的，对于任何一个人来说，都知道每一步要做的是什么事情。而且，整个过程也是有限步骤内就能完成的。从广义上来说，这样的一个过程就是一个生活中的"算法"。

这样看来，实际上生活中的"算法"还有很多：厨师炒每一道菜都有一种特定的"算法"，理发师给每个人理发都遵循着一定的"算法"，农民种植庄稼，工人装配零件……日常生活中常见的各种技艺，很多都可以视为一种"算法"，即解决问题的步骤系列。

实际上，计算机中的算法和上面说到的这些生活中的"算法"在形式上很类似，而其最大的区别是：计算机中的算法都是数学化、抽象化、指令化、符号化的。本书中讨论的算法，也都是指这类符号化的计算机算法。

下面来看一个简单的算法的实例。

如图 1-1 所示，现在有一只小熊，它想要从面前的一堆栗子中找到最大的那一个。可是栗子太多，没法一眼看出来哪个是最大的。这时候，它想到了在算法课上学到的知识，于是他进行了以下操作：首先，随便拿出一个栗子放在手里，然后，从剩下的没拿过的栗子中一个个地比较，如果某一个栗子比现在的栗子大，那么就把手里的这个扔掉，换成大的，直到所有的栗子都被拿过来比较过，最后剩在手里的就是这一堆栗子中最大的。

这个过程表示的就是一个非常简单的算法。一般来说，这个算法是用来在一个无序数组找到元素的最大值。该过程可以用流程图来表示，如图 1-2 所示。

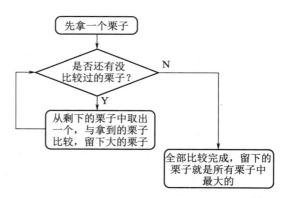

图 1-1　小熊挑栗子　　　　　　　图 1-2　小熊挑栗子的算法流程

由图 1-2 可以看出，该算法每一步的操作都很明确，另外，因为每次比较后都只留下最大的，因此，任何一个时刻，手中留下的栗子一定是当前所有已经拿过的里面最大的（局部最大）。当所有的栗子都被拿来比较过之后，最终的自然是全局最大值。也就是说，该算法可以保证实现"找到最大值"的目标。另外，虽然里面有判断和循环，但是由于栗子的总数是有限的，因此一定能在有限的步骤内完成。除流程图以外，该算法也可以用伪代码的方式表示，如图 1-3 所示。

```
将目前最大值cur_max设为0
对于数组中的每一个值(栗子的大小)v:
    如果v大于cur_max:
        cur_max=v
输出cur_max，即为数组中的最大值
```

图 1-3　小熊挑栗子算法的伪代码表示

伪代码形式，是指在不考虑具体语言的情况下，用自然语言（中文、英文等）将算法的步骤和逻辑进行描述的一种形式。如图 1-3 所示的伪代码就很明确地写出了无序数组中求最大这一过程的每个步骤。伪代码形式上和实际的程序代码比较类似，因此，对于伪代码形式表述的算法，往往可以较为轻松地将用某一种我们熟悉的编程语言将它实现出来。

至此，我们已经对算法到底是什么有了一个初步的了解。下面，总结归纳算法的一些基本的属性或特征。

1.1.1　算法的基本属性

对于一个算法来说，一般需要具备以下几个属性：

- 算法需要输入和输出；
- 算法的步骤描述必须是明确无歧义的；
- 算法是可执行的；
- 算法具有有穷性。

下面逐一进行解释。关于输入和输出，由于算法是为完成某个任务的一系列步骤指令，自然需要把最终完成的结果返回给我们，所以输出是算法必须要有的因素。设想一个算法，什么内容也不输出，那么我们也无法知道算法具体做了什么，有没有完成我们的目标，这显然是不合理的。对于输入，往往算法也会需要输入，如在上面的"无序数组取最大值"的算法中，我们希望对于任意一个无序数组，都能用上面的算法返回里面的最大值。那么在执行算法时，就需要把待取出最大值的那个数组输入到算法，让算法来执行操作。当然，在某些情况下，算法可以没有输入。比如，我们如果想要生成一个常数，那么该算法可以不需要输入，直接返回一个固定的数字作为输出即可。

对于无歧义性，算法要求每一个步骤都是明确的，不会使读者在执行时产生歧义。也就是说，对于同样一条指令，只能有一种合理的解读方式或者执行方法。举一个例（段）子：有人对小明说："出去买三个包子，如果遇到卖西瓜的，就买一个。"结果小明只买了一个包子回来。在这个表述中，由于对后面的"就买一个"的理解的歧义（买包子还是西瓜?），使得这个步骤可以有两种不同的，但是形式上都合理的方法被执行。因此，这样的描述就不符合无歧义的要求。但是，如果通过流程图等方式将期望的操作明确地表达出来，就可以消除歧义，如图 1-4 所示。无歧义这个属性表明，算法的表达必须是精确的，这样才能保证算法的执行可以符合我们对它的预期。

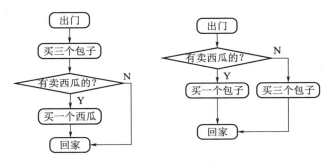

图 1-4　流程图表示方法消除歧义

下面说明一下可执行的性质。这一条性质表明，算法中的每个步骤都是可以通过基本运算方式实现的。比如，在上面的"无序数组取最大"的例子中，每个步骤都是可以用最基本的比较大小操作来实现。再如，在一个"数组中所有元素求和"的算法中，每一步都能通过两个数字求和的基本操作来实现。一个算法，无论多么复杂，都可以拆解成可以实现的小步骤，并且进行执行，得到我们需要的结果。

算法的有穷性主要是指：一个合理的算法需要在有限次步骤内结束，并且每个步骤也都能在有限时间内完成。仍以上面的"无序数组取最大"为例，每个比较大小的操作必然是有限时间内可以完成的，而且数组的长度有限，比较次数必然也是有限次，因此整个算法过程都可以在有限的步骤和时间内完成。

以上就是算法的一些基本特点。下面，介绍算法的不同类别。

1.1.2　算法的分类

算法往往与它所处理的数据形式紧密相关，如果根据采用的数据结构和问题的不同，可以将算法大致分为：代数的算法（数学中求解方程组、求解优化问题等）、树相关的算法（树的遍历、树的查找等）、图相关的算法（最短路径问题、图的遍历问题等）等。

而另一种更直观的分类方式是根据算法涉及的应用场景，即要完成具体任务类型，来进行分类。利用这种方式，可以将日常生活中的算法分为以下的类别：

推荐算法：如协同过滤（collaborative filtering）算法等，可以通过用户的历史记录等信息，为用户推荐其可能感兴趣的内容。

搜索排序算法：如 PageRank 算法，可以用在搜索引擎中，返回与搜索内容最相关且质量最好的网页。

加密算法：如 RSA 算法、椭圆曲线加密算法等，可以用于对明文进行加密，保护信息安全的作用。

分类算法：如逻辑斯谛回归（logistic regression）算法、K 近邻算法、朴素贝叶斯算法等。

基于实体所具有的属性对其进行分类，可以应用于很多实际生活领域，如对于电子邮件中的垃圾邮件的过滤，实际上就是一个"正常邮件"与"垃圾邮件"的二分类问题。

实际上，我们的生活中到处充斥着大量的算法，算法可以说是当今信息社会中必不可少的底层逻辑。从最简单的查找、排序到复杂的指纹识别、自动驾驶，都离不开算法的支撑。那么，算法是如何起源？又是如何一步步占领了我们生活的方方面面呢？下面简单讨论一下算法的起源与历史。

1.1.3　算法的起源与历史

数学中的算法由来已久，无论在古代的中国还是西方，人们在解决数学问题或工程问题中，积累并保留了许多有价值的算法。比如，西方的毕达哥拉斯算法、欧几里得算法（辗转相除法）、埃拉托斯特尼筛法等，以及中国的刘辉割圆术、更相减损术、大衍求一术等。

值得一提的是，中国古代的数学成就，其实很大一部分就是"算法"（或称算学）的成就。众所周知，西方以欧几里得为代表的古代数学更加重视理论体系和命题的证明，而中国古代数学则更注重计算过程和解决问题的步骤。这种区分曾经一度被很多人认为是中国数学相比于西方数学的一种弱点，或者说是中国古代数学不够严密的一个例证。

然而，若从算法的角度来看，则结论恰恰相反。在中国古代数学著作中，其结构是对某一问题的答复，问题涉及实际生产生活领域和数学领域的方方面面，而解答是通过某种"术"来求解得到的答案。其实，这里的"术"实际上就是算法。这些"术"可能缺少证明，但却是可以实际解决问题的操作步骤与方法。如果说古希腊源流的西方数学思想重视思辨性和理论性，那么中国古代数学则更是一门偏重实践的学科，而实践就表明对问题的解决，其路径就是"术"（算法）。

下面举几个例子，从算法的视角重新审视中国古代数学中的"术"：

刘辉割圆术。这是一个被选入中小学数学课本的算法，可谓人尽皆知。该算法是为了求解给定半径的圆的周长，其输入是圆的半径，输出则为该圆的周长。在该算法中，从一个内接正六边形起，不断迭代，扩充多边形的边数，每个步骤中利用勾股定理计算当前内接多边形的周长，逐步逼近圆的周长。只要限定好精度，就可以在有限步骤内完成。

更相减损术。该算法输入为两个正整数，输出为二者的最大公约数。在计算过程中，该算法也采用迭代的方式，"以小减大，更相减损"，即用小数减去大数，并用减完后的差替代之前的大数，重复进行比较和相减，直到减数（小数）与减出来的差值相等。迭代结束，输出结果，即为二者最大公约数。

英文中表示算法的单词"Algorithm"来源于古代波斯数学家阿尔·花剌子米（al-Khwārizmi）的名字的拉丁转写"Algorism"。花剌子米对数学、天文学、地理学等学科门类都有很大的贡献。在数学方面，他的著作阐述了代数方程的解法及阿拉伯数字的运用方法。除了"算法"的英文单词外，表示代数学的"Algebra"也来源于他在书中创造的用于求解方程的一个步骤"al-jabr"，即通过方程等式两边同时相加来消除负数项。

以上这些都可以看作现代算法的渊源，而直到 20 世纪，英国数学家、计算机学家图灵才通过图灵机的概念为算法给出了一个严谨的数学方式的表达。图灵机概念的提出，以及由此产生的计算机科学的发展，使得各类算法可以现实地、机械化地、可操作地实现出来，并促进了一系列相关科学（如可计算性理论）的蓬勃发展。

到了现阶段，计算机算法已成为一门丰富严谨的学科，具备了自己的一整套理论体系，并且被应用于计算机领域的各种任务中。近年来，由于人工智能算法的发展，人们再一次看到算法中蕴藏的巨大潜力。

人工智能本质上就是机器学习算法及其所引申出的各种新兴领域。机器学习算法的一个重要特点是，它可以通过数据自己去"学习"一个合理的模型，并应用于对应的场景。比如，我们给出很多不同种类的花的照片，以及每张照片对应的花的类别，通过机器学习算法，可以自动地获得一个能够识别花的类别的模型，并且将它应用到新的未知类别的花的识别中。也就是说，我们不再需要利用我们的专业知识去设计算法的每个步骤和参数，比如：花瓣数目是多少？颜色如何？花萼有多少？如何提取并计算？而是只需足够的数据，选择合适的机器学习算法，就可以自驱动地得到结果。在大数据已成为现实的当下，这种数据驱动、自适应学习的算法自然可以发挥出巨大的价值，并且让人们看到在某些方面类似人类智能的一些特性。

以上概略地讨论了算法的起源与发展历程，接下来，我们再来了解一下算法评估的基本维度，以及所采用的评价标准和方法。

1.2　算法的评估方法

对于同样一个任务，可能有很多种不同的算法可以实现。那么，如何判断哪种算法对于处理这个问题或实现这个任务是更好的呢？换句话说，能不能通过某种方式来评估和对比这些不同的算法呢？下面，来讨论这个问题。

对于一个计算机执行的算法来说，一个很现实需要考虑的因素就是时间。比如，任何一个线上服务，中间如果涉及某种算法的执行，那么我们自然希望它可以执行得越快越好。因此，一个算法执行所需的时间，必然是要考虑评估因素的。提到时间，另一个自然可以被想到的维度就是空间，也就是实现这个算法所需的存储空间资源的大小。显然，如果算法的效果是一样的，那么我们自然更偏好消耗资源少的，因为存储空间不论绝对值大小，总归是有限的。如果能用较少的空间完成同样的任务，则可以节省更多的存储空间供其他任务使用，从而提高效率。

一般来讲，时间和空间在处理具体任务时往往是无法兼得的。举一个简单的例子：如果我们想要逐字符比较两份文件是否完全相同，那么可以采用两种方式。一种方式是将两份文件都同时读入内存（假设内存足够大），然后再对这两份文件中的字符逐个进行比较；另一种则是每次从磁盘读入一个字符，然后进行比较，如果相同，再继续读取和比较下一个，如图 1-5 所示。

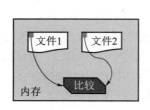

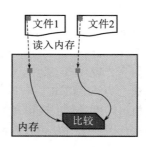

图 1-5　时间开销最少与空间开销最少的实现方式

　　自然地，第一种方式速度最快，最省时间，因为是直接从内存中读取字符，而第二种占用空间最小，除了其他必要的空间开销以外，文件内容只需开辟一个字符的空间就够了。但是，第一种方式由于一次性读入了整个文件，因此虽然时间上占优，但是在空间上花费最大；而第二种方式则相反，虽然空间开销最少，但是由于每比较一次就要进行一次磁盘的读取，因此时间成本太高。

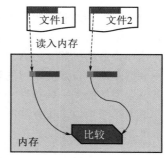

图 1-6　时间和空间开销的折中

　　上面两种是两个极端情形，一般来说，实际中的操作往往是一次性读入一段文件，比较后再读入下一段，如图1-6所示。也就是说，时间和空间维度的优化需要进行一个折中处理（trade-off）。在时间要求高的场合可以牺牲空间换时间，如增加物理内存，采用较长的段，在空间资源有限，但时间要求不高的场合则牺牲时间换空间，即减小段的长度。

　　至此，我们已经对衡量算法的两个维度，即时间开销和空间开销，有了一定的认识。下面，分别探讨如何衡量算法的时间和空间效能。

1.2.1　时间复杂性与空间复杂性

　　我们引入两个概念：时间复杂度（time complexity）和空间复杂度（space complexity）。这两个概念是用来定性度量算法的时空开销的。

　　一个算法的时间复杂度是用一个函数来表示的，其计算方式如下：首先，找到一个算法中的一个操作单元，然后，考察这个操作单元被重复了多少次。最后，将这个次数表示出来，就是算法的时间复杂度。仍以之前的"无序数组取最大"的算法举例，如图1-7所示。在这里，每一个操作单元就是一次比较大小，如果当前值 v 大于当前最大值 cur_ max，还要进行一次赋值操作。对于长度为 n 的数组来说，这样的操作单元被执行了 n 次，因此，其算法时间复杂度就是 n。

　　我们再看另一个例子，对于一个尺寸为 n 的无序方阵（比如表示数量为 n 的点集中两两之间的距离的方阵），如果要求出其最大值，应该如何进行呢？联想到前面对一维数组的求解，可以先逐列求取最大值，然后在对每一列的最大值求最大，即可以得到整个矩阵的最大值，如图1-8所示。

　　和上面的情况同理，在该算法中，每个操作单元被内层循环执行了 n 次，而外层循环

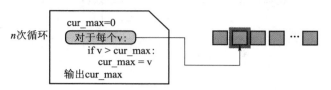

图 1-7　长度为 n 的数组的无序数组取最值算法时间复杂度

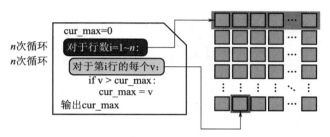

图 1-8　大小为 n 的无序方阵取最值算法时间复杂度

又执行了 n 次内层循环，整个算法执行下来，总共执行了 n^2 次单元操作，因此整个算法的复杂度就是 n^2。

　　这时我们可能会想到一个问题，虽然这种求取全局最大值的算法需要对所有值进行遍历，但是有的算法，比如在一个无序不重复的数组中查找指定的元素所在位置的算法，它具体执行的次数是随着输入的具体形式变化而变化的。举例来说：要查找数字 3，如果输入数组为[1，2，0，5，3]，那么需要 5 次比较操作才能找到，但是如果输入数组为[3，1，0，5，2]，那么只需一次就能找到，并直接返回位置。

　　这种情况应该如何处理呢？这就引出了另一个概念：最坏情况复杂度（worst-case complexity），也就是说，我们只考虑算法在最坏情况下的表现。最坏情况的表现，表明所有可能的情况下，算法的时间复杂度不会比这个表现更差。换句话说，最坏情况复杂度是算法可能运行最长的时间（以单元操作为单位计算）。另外，有时还会用平均情况复杂度（average-case complexity）来计算，这个复杂度是对所有可能的输入情况下的算法表现的一种平均。一般来说，最坏情况复杂度使用更为广泛些，为了算法在真实场景的稳定和可用，我们自然需要对算法最坏的情况进行预估，从而保证算法在任何合理输入下运行的时间都不会长于整个值。

　　空间复杂度是指算法在执行过程中，需要临时占用的存储空间单位的数量。空间复杂度的计算相对较为简单一些，我们用一个例子进行说明，如图 1-9 所示。

　　图 1-10 展示了一个对长度为 n 的数组中所有元素求平方和的一种实现方式。在这个算法中，首先开辟一个与输入数组等长的数组作为临时的中间变量数组，然后逐一对输入求平方，放到对应的临时数组中，最后再将临时数组中的所有值逐个相加求和。在该算法中，由于开辟了一个长度为 n 数组，因此，空间复杂度为 n。

　　下面来看另一种算法来实现上述任务，如图 1-10 所示。

　　在该算法中，我们不再开辟临时数组，而是只创建一个初值为 0 的临时变量 sum，然

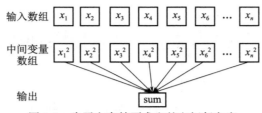

图 1-9　先平方存储再求和的空间复杂度

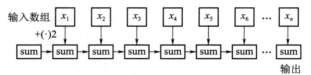

图 1-10　逐元素平方并加入总和中的空间复杂度

后逐个将输入数组中的每个元素平方后加入 sum 中。当对输入数组中所有元素计算完成后，sum 存储的就是输入数组的元素平方和。在这种操作下，空间复杂度为 1。

　　上面简单展示了时间复杂度和空间复杂度的计算方式，那么，如果算法较为复杂，从而时间复杂度或者空间复杂度的表示也较为烦琐时，应当如何处理呢？下面介绍算法复杂度表示中最常用的一种方法——大 O 表示法。

1.2.2　O（·）表示法

　　在前面的介绍中，我们可以看到，算法的时间复杂度，往往是与输入的大小有关的。仍以"无序数组取最大"的算法为例，随着输入数组增加，所需的操作次数（反映了操作时间）是随之增长的，并且，二者的关系是线性的，即数组每增加一个单位，操作次数就要增加一个单位。对于一个算法来说，我们更关心的自然是：当输入量级增大，算法的时间空间开销会不会跟着增大？如果开销也增大了，那么是以一种怎样的速度增大的？基于这个考虑，人们采用了一种方式，可以简单明确地表达算法的复杂度。那就是 O（·）表示法，通常叫作大 O 表示法。

　　大 O 表示法采用 O（·）的形式来表示算法的渐进复杂度（asymptotic complexity）。那么，什么是渐进复杂度呢？渐进复杂度是指当输入的规模 n 趋向于无穷大时，算法的复杂度的极限（量级）。

　　举个例子来说，如果一个算法，我们通过分析后发现，它的时间复杂度为 $2n^2+3n+1$，那么这个算法的渐进复杂度用大 O 表示法来说就是 O（n^2）。可以发现，渐进复杂度中，只保留了随着 n 的扩大增长最快的项，并且省略了它的系数。这是因为，随着 n 趋于无穷大，常数项 1 和一次项 $3n$ 与最高次项 $2n^2$ 的比值逐渐趋近于 0。也就是说，在很大规模的数据量上，该算法的复杂度主要取决于 n^2 项，因此可以省略其他的低次项。另外，最高次项的系数也是可以忽略的，因为函数项的量级差异的影响远远大于系数的影响。

　　举个例子来说，如果一个算法的复杂度为 n^3，而另一个为 kn^2，其中 k 表示一个系数，它可以取值非常大，比如 $k=10^5$。但是，对于这两个算法来说，只要 $n>10^5$，那么仍然是第一个算法复杂度高。由于我们更关心 n 趋向于无穷大时的表现，所以系数的影响是很小的，因此也不必写出系数。这一部分的理解涉及微积分中的极限概念，在此不再详述。

基于上面的这种表示法，总结了一些常见算法的渐进复杂度。

● 常数复杂度：表示为 $O(1)$，常数复杂度是指算法的复杂度最高项为常数项，并不随着输入规模扩大导致资源开销增加。这种情况是最为理想的。

● 对数复杂度：表示为 $O(\log(n))$，输入规模趋向于无穷时，复杂度呈对数增长。

● 线性复杂度：表示为 $O(n)$，最高项为一次项，算法的开销随着输入规模的扩大呈线性增长。

● 线性对数复杂度：表示为 $O(n\log(n))$，即 n 趋向于无穷大时，增长最快的项为 $n\log(n)$。

● 二次复杂度：表示为 $O(n^2)$，增长最快的为二次项，此时由于平方，n 取值很大时复杂度已经较大了。类似的还有三次复杂度 $O(n^3)$ 等，指数越大，复杂度自然越高。

● 指数复杂度：比如 $O(2^n)$，这类算法输入 n 在复杂度函数的指数项上，随着输入规模的扩大，复杂度急剧增长。因此，一般要避免产生如此高的复杂度。

上面所列的这些从上到下复杂度依次递增。当复杂度的函数中含有多个项时，应通过比较 $n\rightarrow+\infty$ 时的极限来决定保留哪一个项。比如，如果某个算法的时间复杂度函数为 $n^2+n\log(n)+3$，由于 $n\log(n)/n^2$ 在 $n\rightarrow+\infty$ 时极限为 0，因此保留 n^2 项。也就是说，该算法是一个二次时间复杂度的算法。

图 1-11 更直观地表示各种复杂度随着输入规模的变化情况，可以明显看到不同复杂度在输入规模增加时的不同表现。

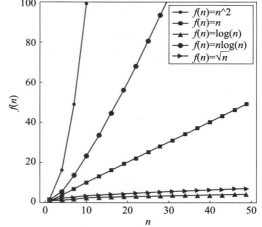

图 1-11 不同复杂度随着输入规模 n 的
变化趋势比较

1.2.3 其他评估准则

除上述的时间复杂度和空间复杂度作为算法的评估指标以外，我们再设计或者应用算法时还要考虑一些其他的因素。如稳健性（robustness），又称鲁棒性，是指一个算法对于较为极端的或者不合理的输入数据的处理和反应能力。另外，对于实际中采用的算法来说，有时也需要关注算法的可解释性，即算法容易被人理解的程度。如果有多个算法被证明对于某个任务可以正确处理，且时间空间复杂度都一样，我们往往更加倾向于易于理解或者易于实现的那一个。

此类评估准则还有很多，但是对于算法最主要的仍然是时间复杂度和空间复杂度。在后面对某些算法的讲述中，也会继续提到该算法的复杂度，并以此对不同算法进行横向比较。因此，对于时间复杂度和空间复杂度及大 O 表示法应当深入学习理解。

第 2 章　基本数据结构类型

在第 1 章中，我们讨论了算法的定义和历史，以及评估方法。算法是根据任务目标对数据进行处理的方法和流程，因此，算法自然和数据的结构和形式密不可分。本章介绍数据结构的概念，并且对常用的几种数据结构进行详细的介绍。

2.1　什么是数据结构

数据结构（data structure），顾名思义，就是数据的组织结构。那么，为什么要对数据进行组织和结构化呢？在实际场景中，我们经常能获取到大量的原始数据，这样的数据通常是杂乱的，不易于存储和维护，也不易于算法和程序处理。因此需要一种方法，将能够获得的原始数据进行整理，使其变得规整，方便后续的处理，提高算法的效率。

常用的数据结构主要有以下几种：数组（array）和链表（linked list）、栈（stack）和队列（queue）、树（tree），以及图（graph）等。下面来了解这些常用的数据结构，以及它们的主要性质。

2.2　数组与链表

我们从最简单的数组和链表开始说起。之所以将二者放在一起讨论，是因为数组和链表都是用来表示具有一定序列的数据结构。这样的结构也被称为线性结构（或线性表），是指在一组数据中，除第一个和最后一个元素以外，其他每个元素，它的前面有且仅有一个元素，后面也有且仅有一个元素。每个元素前面的那个元素称为直接前驱（immediate predecessor），后面的元素称为直接后继（immediate successor）。而开头的元素没有前驱，最后的元素则没有后继。

数组和链表就是线性表的两种实现形式。它们可以用来表示同样元素和同样顺序的数据内容。下面，先来介绍数组的有关概念。

2.2.1　数组的结构及其操作

数组是由相同数据类型的元素构成的一个序列，通过一组连续地址的存储空间来存放。数据类型相同是指对于数组中每个元素的要求，也就是说，数组中的元素可以是整型，或者浮点数，或者字符类型，但是要保证这些元素类型是一致的。连续地址存储空间是对于元素存放的要求，通过将数组内的数据存放在连续的存储空间中，数组元素之间的序列关系就被对应到物理空间（存储地址）的序列关系上，这是数组的一个重要特点。

如图 2-1 所示，表示的是一个 5 个人的队伍，每个人都有自己固定的位置。而他们之间的前后关系，也由他们所在的位置确定下来。我们只要知道这个 5 人队伍里的第一个人在 1001 号位置，那么就能推算出下一个人在 1002 号位置，而第 5 个人在 1005 的位置。

在数组中，位置是指存储空间中的地址，如图 2-2 所示。可以看到框内表示的是数组元素的值，而下面则是它们对应的存储地址（字节编号表示，如 0010 表示第 10 个字节）。这里我们发现，与上面小人的位置不同，数组相邻元素之间并不是相差 1，而是相差一个相同的常数 4。这是因为我们默认存储一个整型变量需要占用 4 个字节。对于不同的数据类型，所占据的字节数也是不同的。这里我们就明白为什么数组要求元素类型一致，因为元素一致可以保证每两个相邻的元素的地址的差都是相同的。

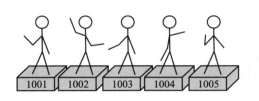
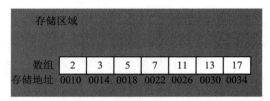

图 2-1　小人的位置确定了他们的顺序关系　　图 2-2　数组的顺序存储方式

相邻元素地址之差相同能带来什么好处呢？好处是可以更加方便地查阅数组中的指定元素。如图 2-3 所示，假设我们的数组记作 a，a 中的元素下标（或称为索引）从 0 开始依次编号，且数组的首个元素 $a[0]$ 的地址已知（0010），那么，如果想获取数组中的第 3 个元素，只需将地址移动 2 倍的偏移量即可。这里的偏移量是指每个元素所占据的空间大小，而 2 倍则因为第 3 个元素和首个元素之间差了两个元素的距离。这种访问方式使得我们只要知道了数组的地址（数组首元素的地址），以及要查询元素的下标，就可以直接计算出这个元素所存储的地址，从而直接访问它。我们将这种访问方式叫作随机访问。数组就是一种支持随机访问的数据结构，从数组中根据索引读取元素，复杂度为 $O(1)$。

下面再来看一下在数组中插入一个元素的情况。如图 2-4 所示，对于一个数组 a，我们希望在 $a[2]$ 和 $a[3]$ 之间插入一个取值为 6 的元素，那么，这个过程需要如何实现呢？

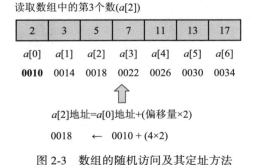
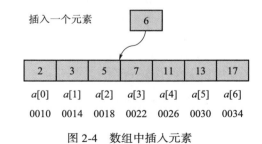

图 2-3　数组的随机访问及其定址方法　　图 2-4　数组中插入元素

由于数组的存储是连续的，因此，要想插入一个元素后仍然保持逻辑顺序（索引）和物理存储顺序的一致性，则必须要将插入位置后面的元素进行移动。整个过程如图 2-5 所示。先将末尾元素向下一个存储位置进行移动，将倒数第二个元素移动至之前的末尾元素的位置，然后倒数以三个元素向后移动。依此类推，直到待插入位置的元素移开，将新元素放入待插入的位置。

由图 2-5 可以看出，在数组中插入一个元素，需要将目标位置后面的所有元素都进行移动。考虑最坏的情况，即要在长度为 n 的数组的第一个位置插入新元素，那么需要移动 n 次。也就是说，在数组中插入元素的最坏时间复杂度为 $O(n)$。如果考虑在任意位置插入的可能性相等，那么由于总共可能的情况有 $n+1$ 中（从第 1 个位置到第 $n+1$ 个位置），每种情况发生的概率就是 $1/(n+1)$。而各个情况移动的次数分别为：n 次、$(n-1)$ 次、……、1 次、0 次，计算期望可得，平均移动次数为 $n(n+1)/2 \times 1/(n+1) = n/2$ 次，因此平均时间复杂度也是 $O(n)$。

同理，如果想从数组中删除一个元素，那么就需要将后面的所有元素全部向前移动，从而维持存储空间上的连续性。也就是说，在数组这种数据结构中，删除一个元素也需要 $O(n)$ 的复杂度。

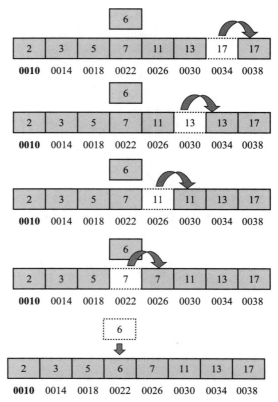

图 2-5　数组中插入元素的实现过程

2.2.2　链表结构及其操作

下面来看另一种线性结构的实现方式，也就是链表（linked list）。链表与上面的数组最大的不同点是，链表的实现和前后次序的维持不需要依赖存储空间的地址上的连续性。我们仍用排队的小人为例，如图 2-6 所示。可以发现，每个小人的位置不是连续的，而这些人的次序是由每个人手里拿着的、链接到下一个人的位置的"锁链"所确定的。比如，最开始的人所在的位置编号为 1 841，我们看它所连着的位置，得到 1 368，也就是下一个人的位置，然后再看这个人手上的"锁链"链接到了哪里，得到编号为 1 644 的位置。依此类推，直到找到一个人手中没有拿着"锁链"，说明已经找到最后一个人。

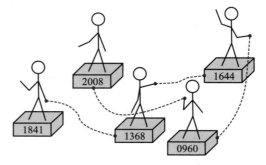

图 2-6　小人通过连接到下一个位置的
锁链形成次序

图 2-7 形象地说明了链表的基本原理，那就是通过一个元素与下一个元素的连接关系，来形成具有一定次序的逻辑结构。由于有了连接关系，各个元素之间并不需要像数组

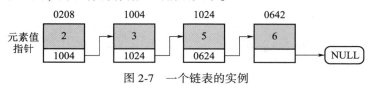

那样紧密地挨在一起，并且保持存储上的前后关系。

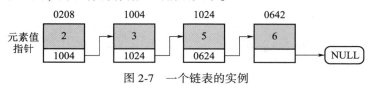

图 2-7　一个链表的实例

由图 2-7 可以看到，在链表中的每个元素都由两部分组成：元素值和指向下一个元素的指针。比如，首个元素的地址是 0208，它存储的元素值为 2，它的下一个元素的地址是 1004，然后，就可以用 1004 这个地址将下一个元素取出来，读取它存储的元素值，并且能找到再下一个元素的地址（1024），依此类推。最终，链表的最后一个元素的指针指向空值 NULL，表示链表到此为止。

在这样的结构下，我们取到某个元素以后，就可以一步一步地找到它后面的任何一个元素，然而，我们却无法很方便地直接通过指针，找到某个元素前面的元素，这是因为指针都是指向后面的元素的。对于这个问题的一种解决方法是，在每个元素上维护两个指针，一个指向前驱；另一个指向后继，如图 2-8 所示。这样的链表结构通常称为双向链表。但是，双向链表需要为每个元素多开辟一块空间来存储指向前驱的指针。

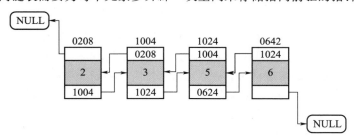

图 2-8　双向链表的一个实例

另一个解决办法就是循环链表，如图 2-9 所示。循环链表中，最后一个元素不再指向 NULL，而是指向链表中的第一个元素。这样一来，从链表中的任意一个元素出发，都能够找到其他的任何一个元素。

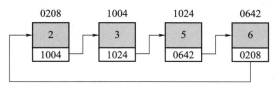

图 2-9　循环链表的一个实例

下面来看一下在链表（后面讨论的都是单向链表）中如何查找一个元素。假设要查找链表中的第三个元素，那么，操作步骤如图 2-10 所示。

由图 2-10 可以看到，不同于数组的随机访问，在链表中，如果要获取指定下标的第某个元素，那么需要从首个元素开始，一步一步地向后寻找，直到到达指定的元素位置，然后将对应的元素值读取出来。很显然，如果链表长度为 n，那么这个操作的时间复杂度就是 $O(n)$ 的。相比于数组的随机存取，链表的读取更加麻烦一些。

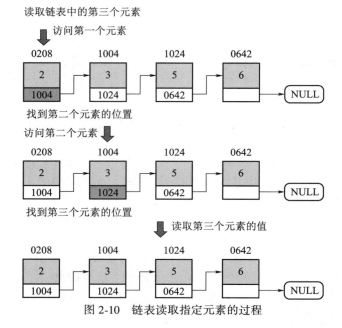

图 2-10　链表读取指定元素的过程

但是在链表中，增删元素则相对容易一些。如果要向链表中增加一个元素，那么操作流程如图 2-11 所示。首先，将待插入的新元素的前一个元素的指针赋给新元素的指针变量，从而使得新元素可以指向它的下一个元素。然后，将新元素的地址赋给前一个元素，使得前一个元素可以指向它。仅需要这两步操作，上一个元素就指向新元素，而新元素又指向它的下一个元素，从而实现了链表中元素的插入。整个过程只需修改一下指针即可，与链表的实际长度无关，因此是一个 $O(1)$ 的时间复杂度。

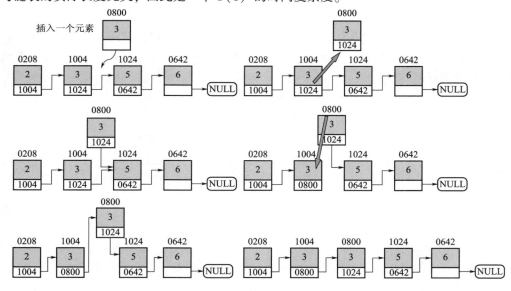

图 2-11　链表中插入元素的过程

删除操作很类似，如图 2-12 所示。首先，将待删除元素所存储的下一个元素的指针赋给上一个元素的指针变量，使得上一个元素可以直接指向待删除元素的下一个元素的地址。然后，将待删除元素的空间释放，就完成了在链表中删除一个元素的过程。这个过程也只是改变了一下指针，再加上一个释放内存的操作，整个过程也是 $O(1)$ 的时间复杂度。

删除一个元素

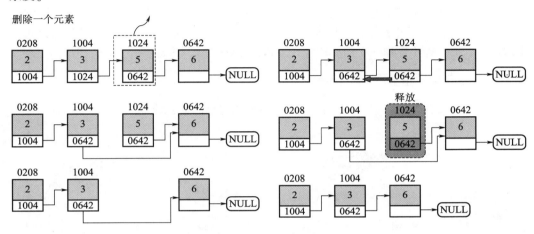

图 2-12　链表的元素删除过程

至此，我们已经基本讲解完了数组和链表的相关特性。下面，对二者的异同进行一个简单的总结。

2.2.3　数组与链表的异同

首先，数组和链表二者都是线性结构，也就是说，除首尾元素外，其他元素都只有一个前驱和一个后继。在需要用到线性表表示数据的场合，如果不考虑效率因素，则二者都可以实现。这是数组和链表的相同点。

二者的不同点也非常明显。首先，从存储方式上来讲，数组需要连续分配一块空间，从而保证其元素存储位置在物理空间中的邻近。而链表则不需要将所有元素存放在同一块连续的区域，因为链表中的每个元素都携带下一个元素的地址信息，通过寻址的方式可以找到下一个元素。

其次，从常用操作的表现上来看，数组对于元素的查找和修改更加方便，但是对于元素的增删则较为复杂。相反，链表则更加易于增删元素，但是对于指定元素的查找并不是很方便。因此，对于长度比较确定，不太会有变化的情况，数组的方式更好一些；而对于元素个数预先无法确定，或者经常需要增删元素的场合，链表则相对更优。

最后，从空间利用效率上讲，数组的利用效率更高一些。对于数组和链表来说，都需要存储首元素的地址，这样才能访问到后面的任意元素。但是，对于数组而言，只需存储首元素的地址和每个元素的值，并且规定好每个元素所占的空间，就能够根据下标找到任意元素。而链表则需要在每个元素后面附上指向下一个元素的指针（末尾元素除外），因此不但需要存储每个元素值的空间，还需要同等数量的存储指针的空间。而且，如果是双向链表，所需的指针数目还要再多一倍。因此，链表的存储空间利用效率相对较低，这也可以看作是有序的链表对抗无序的存储的一种折中和损耗。

2.3　栈与队列

下面来看两种在算法中比较常见的数据结构：栈（stack）和队列（queue）。这二者实际上也属于线性表的范畴，所以形式上和上面所讲的数组和链表没什么不同，而且能够通过数组和链表的方式来实现。但是，这二者与普通的线性表的区别是，它的操作是有一定限制条件的，即不能像一个简单的线性表那样存取数据。下面介绍一下栈和队列。

2.3.1　栈与队列的定义与结构

首先，介绍栈这种数据结构。在给出栈的形式之前，我们来看日常生活中的一个场景，如图 2-13 所示。

将一本新书放到书堆上　　　　　　　　从书堆上取出一本书

图 2-13　堆放在一起的书本的取出和放置的方式

我们经常会将书本像图 2-13 那样摞在一起，试想此时，如果想要再加入一本书，一般会如何操作呢？很自然地，我们会将新的书放在这一摞的最上面。同样地，如果要从这一摞书中取出一本，那么最直接的操作就是将最顶上的这一本拿走。

如果将这一摞堆在一起的书本看作是一个有序的线性表，那么，我们也就能理解前面所说的"操作的限制条件"是什么含义了。对于这个线性表，只能从它的一头存取数据，所有操作都要按照这个限定来进行。其实，满足这个条件，即只能在一端执行插入和删除操作的线性表，我们就称为"栈"。

图 2-14 所示为栈的示意。

栈这种结构只能在一端进行存放和移除的操作，这一端就被形象地称为栈顶（top）。而相对应地，另一端则被称为栈底（bottom）。在栈顶加入一个元素的操作，称为压栈（push），而弹出现在栈顶中的元素的操作，称为弹栈（pop）。

栈顶的位置是随着元素的压栈和弹栈而动态变化的，比如图 2-14 中，现在栈顶指向的是第 4 个元素的位置，如果将第 4 个元素取出，则栈顶就变成第 3 个元素所在的位置。另外，栈是有一个最大容量的，当栈存满时，就不能再压栈了，

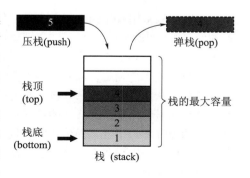

图 2-14　栈的结构示意

否则会产生溢出。

　　我们可以看到，栈的结构和操作的限制，使得栈具有一个特性，那就是：后进先出（last in first out，LIFO）。这个性质在很多场合都有应用。

　　队列，顾名思义，队列结构与我们日常生活中排队的队列有一定的相似之处。图 2-15所示为排成一个队列的人进入餐馆的情形。

图 2-15　顾客排队进入餐馆的队列

　　在图 2-15 中这样的情况在生活中是常见的，如去餐馆吃饭，我们经常遇到座位已经满了，新顾客要在外面排队等叫号的场景。这种情况下，如果餐馆里有了一个空位，那么必然是排在最前面的人可以进去，然后下一个人就成了最前面的人。而如果此时又有新来的顾客，那么就需要排在队伍后面，如图 2-16 所示。

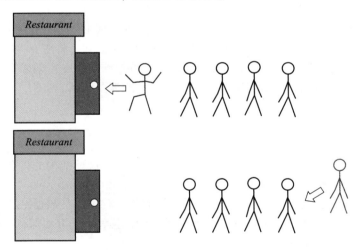

图 2-16　最前面的顾客先服务，新来的顾客排在最后

　　这样的操作与前面所讲的栈的 LIFO 刚好相反，它是一种先进先出（first in first out，FIFO）的方式，即先进入队伍的人更优先离开队伍得到服务。

　　数据结构中的队列就是这样的一种先进先出的约束下的线性结构。下面通过一个示意图（见图 2-17）来解释队列结构中的一些术语。

　　在一个队列中，元素加入队列在一端，而从队列中取出元素在另一端。将元素加入队列一般称为入队（put），而从队列中取出一个元素被称为出队（get）。加入元素的一端称为队尾（rear），而取出元素的一端被称为队头（front），队头和队尾随着元素的入队和出

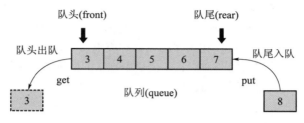

图 2-17　队列的结构示意

队也会动态变化。另外和栈一样，队列也有最大容量，达到最大容量表示队列已满，不能再继续加入元素。

2.3.2　栈和队列的应用

前面介绍了栈和队列的结构与它们所特有的操作方法。那么，这样的结构和限定有什么作用呢？

首先介绍一下栈的应用。栈的一个重要的应用是函数的递归调用，即通过不断将无法直接求解的目标函数进行压栈，直到遇到可以直接处理的情况并求解后，再按 LIFO 的顺序弹栈，实现原目标函数的求解。关于递归的详细内容，将在后面章节中进行详细讲述。另外，栈还可以用来进行括号匹配、四则运算式的解析等任务，这些也都将在后面进行讲解。

对于队列，也有很多场景会用到这种结构。举例来说，对于某个服务，有多个不同访问请求，而处理这些请求有一定的延时，从而导致前面的请求还没有处理完，后面的请求就到达了。那么，为了保证公平性，这时就可以维护一个队列，将所有在等待的请求按队列结构排起来，每处理完一个请求，就从队列中将最先到达的一个请求取出进行处理响应。另外，在后面要介绍的树的广度优先遍历中，也会涉及队列的应用。

2.4　树

下面介绍另一种广泛应用的数据结构：树（tree）。树这种结构的得名是因为它的形式类似一棵上下倒置的树木，如图 2-18 所示。

在图 2-18 中，左侧是日常生活中的一棵树的形状，右侧则是数据结构中树的基本形态。可以看到，数据结构中的树一方面是日常的树的倒置；另一方面保有了树枝从上一级分叉、且可以向下继续不断分叉的特点。

和前面所介绍的数列与链表、栈与队列不同，树结构是我们现在遇到的第一个非线性的数据结构。非线性是指树中的每个元素节点不再只有一个前驱和一个后继，它可以通过分叉的方式和多个其他元素相连接。

对照图 2-18，可以形式化地对树结构进行定义：树是这样的一种数据结构，它有一个根节点（root），也就是最上面的那个节

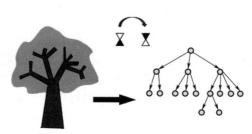

图 2-18　树结构的基本形态

点，并且，把根节点去掉以后，剩下的部分是一些互不相交的树的集合（这里将无节点的情况也算作特殊的树，即空树）。互不相交的树的集合一般也被形象地称为森林（forest）。

　　树这种数据结构在我们日常生活中也有很多实例。比如，在动植物分类学中，按照界门纲目科属种的顺序，可以画出生物分类的关系树。再如，在计算机的文件夹中，如果还有子文件夹，那么可以画出该文件夹下的文件结构树，等等。

　　下面针对一个具体的树结构的例子，来详细讲解如何通过一些概念和术语来描述一棵树。

2.4.1　如何描述一棵树

　　树是用来表示层次化事物的一种数据结构，有明显的上下位的关系。下面结合图 2-19 来详细介绍树结构中的一些概念。

　　首先，介绍节点（node）的概念。在图 2-19 所示的树中，A、B、C、……、K 都是节点。节点存储该位置元素的值，以及它所连接到的下面的节点。比如 C 节点，它保存 C 节点元素的值，并且保存到 F、G、H 的分支的信息。

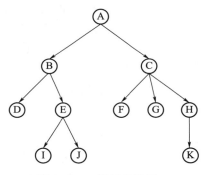

图 2-19　一棵树的实例

　　了解了节点的概念，接下来就介绍两个特殊的节点：根节点和叶子节点（leaf）。根节点，就是树最上面的那个节点。它连接到下面的子树，但是没有别的节点连接到它。在图 2-19 中，A 就是根节点。而叶子节点是指最下面的节点，它们没有连接到的节点。在图 2-19 中，D、I、J、F、G、K 是这棵树的叶子节点。

　　然后，介绍与节点之间的关系有关的属性。父节点（parent），有的也叫作双亲节点（parent 这个词表示双亲中的一个，即父亲或母亲）。对于某一个节点，指向它的那个节点就是它的父节点。比如图 2-19 中，B 和 C 的父节点都是 A，F、G、H 的父节点是 C，而 K 的父节点是 H。与之相对地，子节点（child）就是某个节点直接指向的其他节点，或者说，某个节点的子树的根节点。比如，图 2-19 中 E 的子节点就是 I 和 J，A 的子节点就是 B 和 C。另外，还有一个概念叫作兄弟节点（sibling）。兄弟节点是指具有同样父节点的那些节点。比如 B 和 C 就互为兄弟节点，而 F、G、H 也互为兄弟节点。

　　除前面介绍的那些以外，还有两个比较重要的概念：树的度（degree）和树的深度（depth）。要了解树的度，首先定义每个节点的度表示这个节点的子树的数量。比如 A 的度为 2，C 的度为 3。而树的度则定义为树中所有节点的度的最大值，那么图 2-19 中的这棵树的度就是 3。而树的深度表示是从根节点到叶子节点的最长路径长度。前面介绍过，树是表示层次的结构，如果把根节点看作第一层，那么它的子节点组成的就是第二层，子节点的子节点组成了第三层，依此类推。树的深度就是最大的层数。在图 2-19 的树中，树的深度就是 4。

　　下面介绍一种特殊的树结构：二叉树（binary tree）。

2.4.2 二叉树

二叉树（binary tree）是一类特殊的树结构。顾名思义，二叉树的每个节点最多有两个"叉"，也就是两个子树，或两个子节点。这两个子节点分别被称为左子节点和右子节点，在二叉树中，左子节点和右子节点的顺序是不能交换的。比如，一棵二叉树，它只有三个节点，根节点 A，左子节点为 B，右子节点为 C。另一棵二叉树，根为 A，左子节点C，右子节点 B。这两棵二叉树我们认为是不同的。

一个二叉树的结构如图 2-20 所示。不难看出，二叉树中，每个节点的度都小于 2。对于二叉树中的某个节点而言，它只能有以下几种情况：没有子节点；只有左子节点；只有右子节点；有两个子节点。

下面介绍几种特殊的二叉树：

1. 斜二叉树

如图 2-21 所示，在一棵二叉树中，如果除了叶子以外的每个节点只有左子节点（左子树）或者只有右子节点（右子树），那么这棵树就是一棵斜二叉树。只有左子树的称为左斜二叉树，只有右子树的称为右斜二叉树。自然地，由于只有一边的子节点，因此斜二叉树的度为 1，是一种特殊的二叉树（也满足每个节点的度不大于 2）。

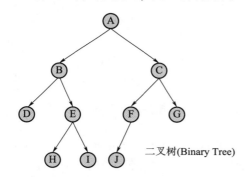

图 2-20　二叉树的一个实例

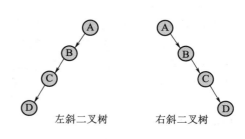

图 2-21　斜二叉树

2. 满二叉树

如图 2-22 所示，满二叉树的特点是，除了叶子节点以外的所有节点都有两个子节点，且满足所有叶子节点在同一层。我们可以思考这个限制条件，由于二叉树最多有两个子节点，因此如果除了叶子节点以外，所有节点都带了两个子节点（或两棵子树），那么，这棵树中的每个节点在可以放子节点的位置上都放满了。另外，由于叶子节点都在同一层，换句话说，在整棵树的最下面一层都是叶子节点，并且所有能放节点的位置都放满了，那么，这一整层就已达到最大容纳节点

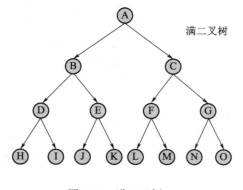

图 2-22　满二叉树

的数量。从而上面的各个层也都达到最大容量，即都放满了（因为每个叶子节点都是由对应的父节点而来的）。这就是满二叉树的基本含义。

3. 完全二叉树

如图 2-23 所示，完全二叉树的定义：对于一棵二叉树，对其按照层序进行编号，如果这棵树的各个节点的编号与对应的满二叉树的编号一致，那么这棵树被称为完全二叉树。层序编号，就是按照一层一层的顺序，从根节点开始，从上往下，从左到右，对各个节点进行编号。在我们展示的所有树中，英文字母表示的节点都是按照层序进行编号的。完全二叉树可以这样理解，它和相同深度的满二叉树只相差在最下面一层，完全二叉树相当于从上往

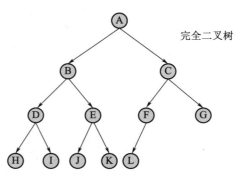

完全二叉树

图 2-23　完全二叉树

下，每一层从左到右画一棵满二叉树的过程中，在最后一层时没有画完，所形成的树结构。完全二叉树的性质是，它的叶子只能出现在最下面两层，且最下面一层的最右边的叶子节点不能是上一层节点单独的右子节点（可以左右都有，也可以只有左子节点）。

二叉树由于其限定了每个节点子节点的数量，因此也拥有了一些特殊的性质。这里列举几条如下：

- 对于一棵二叉树，它的第 i 层最多有 2^{i-1} 个节点。（提示：数学归纳法）
- 对于一棵深度为 d 的二叉树，它的节点总数最多为 2^d-1。（提示：根据上一条的结论计算）
- 对一棵完全二叉树，它的节点数为 n，那么它的深度 $d =$ floor（$\log_2 n$）+ 1。其中 floor 表示向下取整。另外，在所有节点为 n 的二叉树中，完全二叉树的深度 d 是最小的。（提示：根据完全二叉树的定义，以及上一条的结论）
- 对于一棵二叉树，它的叶子节点数 l，度为 2 的节点数 m，则有 $l = m + 1$。（提示：统计每个节点的分支与对应的节点数的关系）

2.5　图

最后，介绍图（graph）这种数据结构。

与前面讲到的栈、队列和树一样，图这种结构也是在日常生活中的一些实例的抽象。图也是由许多节点组成的，但是和树不同的是，图的节点之间没有层级关系。对于树来说，每个节点只能和自己上一层的节点或者下一层的节点进行关联，而图则不同，图中的任意两个节点之间都可以进行关联。日常生活中一个非常普遍的例子就是人际关系图（见图 2-24）。

在图 2-24 所示的人际关系图中，每个点表示一个人，而两个点之间的连线表示这两个人是认识的。因此，图 2-24 提供了以下的信息：在这些人中，A 和 B、C、G、D 是认识的，B 只认识 A，C 认识 A、G 和 F，等等。除此之外，还发现其他的内容，比如：A 和 F 虽然不认识，但是他们有共同好友 C 和 G，因此 A 可以通过 C 或者 G 的介绍认识 F。另

外，B 如果想要认识 E，那么他可以通过好几种方式，比如，让他的好友 A 介绍 D 给他，然后再通过 D 找到 E；或者让 A 介绍 G 给 B，然后再通过 G 找到 E；或者通过 A 找到 C，再找到 F，再找到 G，从而找到 E，等等。这几种方式中总能找到一种最方便的方式。实际上这就是后面要介绍的顶点之间的最短路径的问题。

将图 2-24 中的这个实例进行抽象（见图 2-25），即可得到接下来要讨论的数据结构中的图。

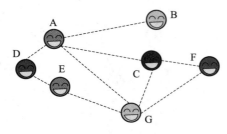 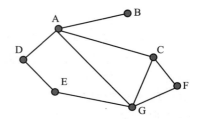

图 2-24　人际关系图　　　　　　　图 2-25　对应于上面人际关系的图结构

我们再来考虑另外一种情况。如果我们不再将"认识"看作是双向的行为，而是看作单向的，类似微博或公众号的关注（follow），那么，就会出现 A 认识 B（如某个大 V），但 B 却不认识 A 的情况。这种具有方向性的关系，图也可以进行表示。这样的图称为有向图（directed graph），如图 2-26 所示。与之对应的，上面那种节点之间的连接不存在方向性的图，称为无向图（undirected graph）。

在日常生活中，不但这种明显具有图的特征的情况可以用图来表示，有些问题经过化归后，也能通过图的方式来描述和求解。比如，数学中非常著名的七桥问题。如图 2-27（a）所示，在普鲁士的哥尼斯堡中有一条河，在河中间有两个小岛，岛之间及岛和两岸之间有七座桥相连。那么，是否可能从一个地方出发，不重复地走完这七座桥，然后回到终点？

这就是著名的七桥问题。在此不讨论这个问题的解法，而是关注如何将这样一个现实问题抽象成一种数学的表达呢？答案就是用图结构来表示。我们看图 2-27（b），将两岸 A 和 B 以及两个岛 C 和 D 都抽象成了图的顶点，而桥则成了连接顶点的边。于是，七桥问题就变成了一个图论中的"一笔画"问题了。

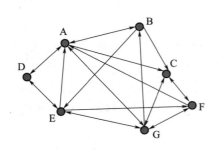 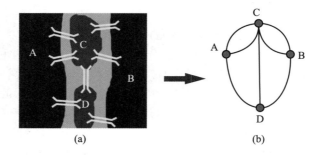

图 2-26　有向图的一个示例　　　　图 2-27　七桥问题与对应抽象出的图结构

至此，我们已经直觉地了解了图这种数据结构的形式，下面我们介绍图的基本要素，以及相关的术语。

2.5.1　图的基本要素与相关概念

结合上面的图可以发现，组成一个图的最基本要素就是边（edge）和顶点（vertice）。顶点存储元素的值，而边表示顶点之间的关系。因此，一般将图 G 表示为（V，E），其中 V 表示顶点，E 表示边。在有些情况下，边也可以带有权重，这样的图称为带权图（weighted graph）。

下面介绍图的相关概念。我们结合图 2-25 和图 2-26 进行说明。首先定义度的概念。与树中的度类似，在无向图中，某个顶点的度表示的是和该顶点相连的边的数量。比如，图 2-25 中的 A 的度为 4（A–B、A–C、A–D、A–G），而 F 的度为 2（F–G、F–C）。在有向图中，还需要区分入度和出度。顾名思义，入度是指向该顶点的有向边的数量，或者说以该顶点为头（有向边箭头一侧为头，另一侧为尾）的边数。而出度则是由该顶点出发，指向其他顶点的有向边数量，或者是以该顶点为尾的边数。举例来说，在图 2-26 中，B 的入度为 2（A → B、G→B），出度也为 2（B→C、B→E）。

另外，一个重要的概念叫作路径（path）。路径是一个顶点序列，其中两个相邻的顶点都有边连接，表示的是从一个顶点到达另一个顶点的方式。在前面提到的通过中间人认识其他人的过程，实际上就是路径的一种形象表述。在无向图中，路径的概念很好理解。比如，对于图 2-26 中从 A 到 G，可以有若干条路径，如 A–G、A–C–G、A–D–E–G 等。在有向图中，需要注意的是，两个相邻节点之间不但要有边连接，顺序也要符合边的方向。比如，图 2-26 中的 B→C→F 就是一条路径，而 C←B→E 则不是，因为 C 到 B 没有符合方向条件的边连接。与路径相关的另一个定义是路径长度，路径长度就是路径上的边数。比如，A–D–E–G 的路径长度就是 3。

接下来介绍几个与图的整体结构相关的概念。首先是子图（subgraph）。子图的概念容易理解，如果一个图 G 的边和顶点都属于另一个图 H，那么图 G 就是图 H 的子图。图 2-28 展示了左侧的图结构以及它的若干子图。

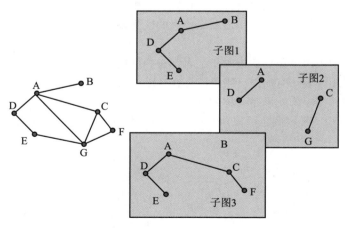

图 2-28　无向图与其若干子图

其次是连通图（connected graph）。连通图是一种特殊的无向图，它的任意两个顶点之间都可以找到一条路径将它们连接起来。对于有向图来说，对应的概念叫作强连通图（strongly connected graph）。在强连通图中，任意两个顶点 X 和 Y 之间，从 X 到 Y 和从 Y 到 X 都有路径能够连通。

2.5.2　图的存储方法

与前面几种数据结构相比，由于图中每个元素（顶点）之间都可能存在相互关系，且不存在顺序额或者层级的关系，因此在存储上相对比较复杂一些。下面介绍几种存储图的常用结构和方式。

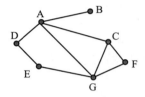

	A	B	C	D	E	F	G
A	0	1	1	1	0	0	1
B	1	0	0	0	0	0	0
C	1	0	0	0	0	1	1
D	1	0	0	0	1	0	0
E	0	0	0	1	0	0	1
F	0	0	1	0	0	0	1
G	1	0	1	0	1	1	0

图 2-29　图的邻接矩阵表示法

图的邻接矩阵（adjacency matrix）表示法。这种方法理解起来较为直观，以图 2-29 为例，图 2-29 左侧的无向图可以这样表示它：首先，将它的每个顶点进行编号，然后，以顶点总数为长和宽，建立起一个矩阵。矩阵中的元素（i, j）表示顶点 i 和顶点 j 之间是否有边连接。如果有边连接则取值为 1，否则为 0。

可以看到，这种方法概念上是非常直观的，但是非常明显的一点是，这种方法太占空间，换句话说，这种方式的空间复杂度较高。如果顶点数为 n，那么邻接矩阵存储方式的空间复杂度就是 $O(n^2)$。尤其是对于比较稀疏的图（边数相对较少）来说，有些浪费空间。其缺点是，这样的表示方法对于新加入一个顶点的情况不是很好处理。

另外，邻接矩阵表示法也有其优点。首先，这种方法很直接地表示了顶点之间的连接关系，非常直观。另外，如果要知道某个顶点的度是多少，只需找到这个顶点所在的行或列进行求和即可。

由于无向图中，两个顶点的边对于二者都是相同的，因此得到的矩阵是一个对称的矩阵。如果用邻接矩阵表示有向图，则可能存在 i 到 j 有一条有向边，但是 j 到 i 没有边的情况，此时得到的邻接矩阵就不是对称的了。

如图 2-30 所示，带权图也可以用矩阵来表示。但是，此时矩阵的元素值不再表示是

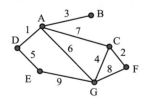

	A	B	C	D	E	F	G
A	∞	3	7	1	∞	∞	6
B	3	∞	∞	∞	∞	∞	∞
C	7	∞	∞	∞	∞	2	4
D	1	∞	∞	∞	5	∞	∞
E	∞	∞	∞	5	∞	∞	9
F	∞	∞	2	∞	∞	∞	8
G	6	∞	4	∞	9	8	∞

图 2-30　带权图的矩阵表示方法

否有边连接，而是表示两个顶点之间的 "距离"。有边连接的两个顶点距离就是这条边的权值，而没有边连接的顶点之间则认为距离是无穷大。带权图的矩阵表示及其应用，将在后面章节中关于图论的算法中再详述。

　　除了邻接矩阵以外，另一种图的存储方法叫作邻接表（adjacency list）。邻接表的形式如图 2-31 所示。可以看到，首先将图中所有的顶点按照顺序连续存储在一起，对于每个顶点，除了保存它的编号以外，还要留出一个位置来存储一个指针，这个指针指向它所对应的链表。对于每个顶点来说，它所对应的链表中的每个元素代表的是与该顶点连接的边。以图 2-31 中的顶点 A 为例，它的链表中有 B、C、D

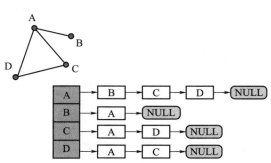

图 2-31　无向图的邻接表表示法

三个元素，对应到图中，就是 A 点和 B、C、D 三个顶点相连。链表中的每个元素存储着与开头的顶点相连的其他顶点的编号，如果是带权图，还可以存储它所对应的边的权值。

　　这种存储方式相对于邻接矩阵而言，空间开销更小一些。由于坐标存储的是每个顶点的信息，而链表中的每个元素对应图中的一条边。如果顶点数记作 n，边数记做 m，那么对于无向图而言，每条边都被存了两遍，因此空间复杂度为 $O(n+2m)$。如果是有向图，则每个顶点对应的链表只表示从该顶点出去的有向边（以该顶点为尾部的有向边），因此没有重复，空间复杂度为 $O(n+m)$，相对于邻接矩阵的 $O(n^2)$ 来说，空间效率较高。

　　对于统计一个顶点的度来说，无向图的邻接表中每个链表的元素个数（链表长度）表示的就是对应顶点的度。但是，对于有向图而言，邻接表中每个链表的长度表示对应顶点的出度。那么，如果想要计算该顶点的入度，就只能对所有链表进行遍历统计，如果有一个指向顶点的边，就给该顶点的入度加一。这样的操作较为费时，一个解决方法就是，再新建一个类似邻接表的结构，但是每个顶点对应的链表中的边不再表示从该顶点出发到其他顶点的边，而是相反，表示有其他顶点到该顶点的边，如图 2-32 所示。这样的结构被称为逆邻接表（inverse adjacency list）。对于有向图来说，统计出度

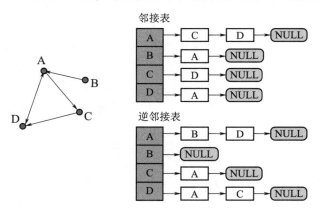

图 2-32　有向图的邻接表与逆邻接表

用邻接表，统计入度用逆邻接表，这样可以节省遍历整个表结构的时间。

　　除了以上两种方式外，还有其他图的表示和存储方法，如十字链表法等，在此不再详述。关于图的相关算法，也会在后续章节中进行介绍。

第 3 章　Python 基本语法

"工欲善其事，必先利其器。"对于算法的学习最后要落实到代码实现中。本书选择使用 Python 语言对算法进行示例和实现。下面，对 Python 语言的特点及一些基本的语法进行介绍。

3.1　Python 语言简介

Python 语言是当下最为热门的编程语言之一，它由 Guido van Rossum 于 1989 年底发明，第一个公开发行版发行于 1991 年，现在已经有了 2. x 和 3. x 的版本。Python 拥有一个强大的标准库，可以实现如文件处理网络通信、操作系统等相关功能。除此之外，Python 还拥有许多优秀的第三方库，涉及科学计算、数据分析处理、Web 框架和机器学习等多个领域。

Python 语言是一种解释型的动态类型语言，解释型语言区别于编译型语言，是指代码无须预先编译(像 C++或 Python 那样)，然后再运行，而是可以直接通过 Python 解释器直接运行源码。而动态类型语言，是指该语言写的程序中的数据类型，在程序运行时才进行检查。与之相区别的是静态类型语言，静态类型语言要求数据类型必须在使用之前声明其类型，然后进行编译，对变量的类型进行检查。编译通过后变量的类型就已经确定下来了。常见的 C++和 Java 等，就属于静态类型语言。

举个例子来说明。如果想要定义一个变量 x，它的值为 10，那么，在 C++或者 Java 语言中，需要这样写："int x = 10;"。也就是需要事先指明这个 x 的类型为一个整型，在程序编译过程中，这个类型就已经确定，不能再更改了。而在 Python 中，只需写 "x = 10" 即可，而且在下面如果又想用 x 来指代一个列表，那么可以直接写 "x = [ ]"，这时 x 就变成了一个空的列表。可以看出，静态变量类型的好处是它更加严格，在编译阶段就可以排除掉一些类型错误。而动态变量类型的优点则是它更加简单方便，减少代码量，并且能增加可读性。

Python 语言的另一个特性是面向对象性，在 Python 中，也可以像 C++或 Java 那样定义自己的类型，实现更加复杂的功能。值得一提的是，在 Python 中，一切皆对象，包括后面将要讲到的列表 list、字典 dict 及定义的函数 def func( ) 都是以对象的形式存在的。因此，这些数据类型就会有很多内置的函数方法，可以方便我们使用，使得语言学习易于上手，并且代码也更加简洁易读。

除了 Python 语法本身的特点外，Python 社区生态比较完善，具有很多强大的第三方库。下面简单介绍一些较为常用的：

Numpy：(https：//www. numpy. org)库名 numpy 为 numerical python 的缩写，numpy 是 Python 中很常用的一个库，它主要用来处理多维数组，以及进行一些矩阵和线性代数方面的操作。

Matplotlib：（https：//matplotlib. org/）matplotlib 库名意为 matrix plotting library，即矩阵

绘图工具库。顾名思义，这个库的主要作用是用来绘图，从而对数据进行可视化。如果对 MATLAB 比较熟悉，你会发现其中的函数名称及功能都和 MATLAB 中的作图函数非常相似。

Scipy：（https：//www. scipy. org/）scipy 的名字含义即为 scientific library for python，也就是 Python 的科学计算库。因此，该函数库在工程、数学、物理等理工科领域的计算中应用较多。其功能也很广泛，包括插值、积分、傅里叶变换、信号处理和优化等多个工程领域常用的方面。通常 scipy 库需要和 numpy 结合使用，用来实现矩阵的处理和计算。

Pandas：（https：//pandas. pydata. org/）pandas 是 Python Data Analysis Library 的缩写，是一个常用的数据分析库。Pandas 通常用来对宽表数据进行数据处理和分析，其数据形式为 Dataframe（二维宽表）和 Series（单列向量），可以从各种格式的文件（如 csv、txt 等）中读取数据，并存成 Dataframe 格式，而且可以和 numpy 中的数组格式相互转化。在需要较大批量的数据观察分析和预处理时经常用到 pandas 库。

Seaborn：（http：//seaborn. pydata. org/）seaborn 库是基于前面提到的 matplotlib 的一个扩展，主要用于统计数据的可视化，如散点图、折线图、柱状图等。

Scikit-learn：（https：//scikit-learn. org/）Scikit-learn 库是一个非常强大的机器学习函数库。它包含常见的各类机器学习方法，包括有监督的和无监督的，以及分类算法和回归算法等等，如支持向量机（SVM）算法、逻辑斯谛回归（LR）、k 近邻算法（kNN）、K-Means 聚类算法等。Scikit-learn 库的应用极其简单，算法和功能都非常齐全，在实际任务中，一般只需调整参数即可满足实际场景中的机器学习训练和预测的需要。

PyTorch 和 TensorFlow：（PyTorch：https：//pytorch. org/ ；TensorFlow：https：//tensorflow. google. cn/）这两个库是深度学习和神经网络中常用的框架，主要用于深度学习模型中的网络搭建与训练。这两个库中都封装了大量常用的神经网络组件，如卷积层、各种激活函数、各种损失函数、梯度下降和误差反向传播的训练方法等，从而使得使用者不用再从头开始编写网络代码，只需像"搭积木"一样对网络中的各部分进行组装和少量的自定义即可。如果对人工神经网络和深度学习感兴趣，可以关注这两个库函数的原理和使用方法。

下面对 Python 中的基本语法进行讲解，即如何使用 Python 编写一段代码。

3.2　Python 的基本语法

本节通过几个示例，来说明 Python 中的一些基本操作的语法。由于 Python 2 和 Python 3 版本的不同，部分语法和操作也可能有所不同，因此在这里预先说明：以下的所有示例和代码都是基于 Python 3.7 版本。Python 中有哪些常用的数据类型，以及它们各自的特点和操作方法，具体如下。

3.2.1　变量和数据类型

在 Python 中，常用的变量的数据类型主要有以下几种：数字[包括整型（int）和浮点型（float）]、列表（list）、字符串（string）、集合（set）及字典（dict）。下面进行详细介绍。

在 Python 中，可以通过函数对数字进行强制类型转换，如将 int 转成 float 或者相反（见代码 3-1）。

代码 3-1　变量类型的强制转换

```
 1. #int 类型变量 a
 2. a=1
 3. #强制转换为 float 型
 4. b=float (a)
 5. #打印数值与对应的类型，type () 函数显示变量类型
 6. print (a, type (a) )
 7. print (b, type (b) )
 8. #float 类型变量 c
 9. c=0.66
10. #转换成 int 型
11. d=int (c)
12. #打印数值与对应的类型
13. print (c, type (c) )
14. print (d, type (d) )
```

输出结果如下：

```
1<class'int'>
1.0<class 'float '>
0.66<class 'float '>
0<class 'int '>
```

可以看出，通过 float() 函数，将 int 型变量变成了 float 类型，而通过 int() 函数，则将 float 变成 int。这里的 float 转 int 采用截断的方式，也就是只保留原来 float 变量中的整数部分，所以 0.66 就被转换成了 0。

列表的主要操作有以下几种：定义一个列表，初始化为空列表或者用某些值进行初始化；列表元素读取和修改；列表的切片（slicing）截取；列表的拼接；列表元素的增加和删除等。另外，还有一种与列表相关的较为特殊的用法，称为列表推导式（list comprehension），具体见代码 3-2。

代码 3-2　列表相关操作

```
 1. # 两种方式定义一个空列表
 2. ls_ 1= []
 3. ls_ 2 = list ()
 4. print ('空列表')
 5. print (ls_ 1)
 6. print (ls_ 2)
 7. #用已有取值初始化列表
 8. ls = [1, 2, 3, 4, 5]
 9. print ('直接初始化：', ls)
10. #如果每个元素默认值相同，可以直接用下面方法，5 为列表长度。
11. ls = [0] * 5
12. print (ls)
13. #列表内元素类型除了数字，也可以有其他类型，如下：
```

```
14. ls = ['abc', 'cde', 'mnp']
15. print ('字符串列表', ls)
16. #各个元素类型在列表中混合出现
17. ls = [1, 'abc', [3, 4, 5], 0.88]
18. print ('混合类型列表', ls)
19. #列表的元素可以用下标访问
20. ls = [2, 4, 6, 1, 8]
21. print ('列表：', ls)
22. print ('第 0 个元素', ls[0], '第 3 个元素', ls[3])
23. #列表的修改也通过下标实现
24. ls[0] = 666
25. print ('修改后列表：', ls)
26. #列表还可以通过：实现切片访问，即取出其中的一段
27. print ('列表：', ls)
28. print ('下标在 [0, 3) 范围内元素：', ls[0: 3])
29. print ('下标在 [2, end) 范围内元素：', ls[2: -1])
30. print ('下标在 [1, end] 范围内元素：', ls[1: ])
31. #列表元素的添加和删除
32. print ('列表：', ls)
33. ls. append (888)
34. print ('添加一个元素后：', ls)
35. del ls[0]
36. print ('删除一个元素后：', ls)
37. #列表的拼接
38. la = [1, 2, 4]
39. lb = [5, 8, 0]
40. lc = la + lb
41. print ('列表拼接结果', la, lb, lc)
42. #生成连续的整数列表
43. print ('连续整数列表：', range (6), list (range (6) ) )
44. #列表推导式 (list comprehension)
45. lc = [33 for i in range (5) ]
46. print ('列表推导式：', lc)
47. #列表推导过程中逐元素应用某个操作
48. lc = [i+10 for i in range (5) ]
49. print ('带函数操作的列表推导式：', lc)
```

输出结果为：

```
空列表
[]
[]
直接初始化：[1, 2, 3, 4, 5]
[0, 0, 0, 0, 0]
字符串列表 ['abc', 'cde', 'mnp']
混合类型列表 [1, 'abc', [3, 4, 5], 0.88]
列表：[2, 4, 6, 1, 8]
第 0 个元素 2 第 3 个元素 1
```

```
修改后列表：  [666, 4, 6, 1, 8]
列表：[666, 4, 6, 1, 8]
下标在 [0, 3) 范围内元素：  [666, 4, 6]
下标在 [2, end) 范围内元素：  [6, 1]
下标在 [1, end] 范围内元素：[4, 6, 1, 8]
列表：[666, 4, 6, 1, 8]
添加一个元素后：  [666, 4, 6, 1, 8, 888]
删除一个元素后：  [4, 6, 1, 8, 888]
列表拼接结果 [1, 2, 4] [5, 8, 0] [1, 2, 4, 5, 8, 0]
连续整数列表：range (0, 6) [0, 1, 2, 3, 4, 5]
列表推导式：  [33, 33, 33, 33, 33]
带函数操作的列表推导式：  [10, 11, 12, 13, 14]
```

下面针对列表的操作强调几个需要注意的知识点：

首先，直接用中括号"[ ]"或者调用"list()"都可以生成一个空的列表，然后后续通过列表的 append 方法逐个增加元素。

对于列表的切片方法，需要注意的是，列表的下标是从 0 开始的。另外，在采用切片时，对于冒号前的下标所对应的元素值是可以被取到的，而右侧是不能被取到的。也就是说，列表的切片方法的范围是左闭右开的区间。对于下标为-1，是指列表最后一个元素，可以直接通过 ls[-1] 对最后一个元素进行访问。同理，ls[-2] 为列表 ls 的倒数第二个元素，依此类推。所以，当切边操作冒号右边为-1 时，相当于对于最后一个元素采用闭区间，所以取不到最后一个元素。如果想要从某个位置 i 开始，一直取到最后一个元素，那么需要采用 ls[i :] 的方式。对于冒号左边也是同理，如 ls[: i] 就是指从头开始直到第 i（下标从 0 计且不含第 i 个）个位置的这一段内容。

以上就是列表相关的操作方法。下面介绍 Python 中的字符串类型，以及常见的一些使用方法，见代码 3-3。

代码 3-3　字符串的相关操作

```python
 1. #定义一个字符串
 2. sen = 'This is a string'
 3. print ('一个字符串', sen)
 4. #利用下标取出字符串中的指定字符
 5. print ('输出指定字符', sen[0], sen[3], sen[-1])
 6. #字符串拼接
 7. postfix = 'another string'
 8. combine = sen + postfix
 9. print ('字符串拼接: ', combine)
10. #字符串切片
11. print ('获取字符串的一段', sen[2: 5])
12. #字符串之间包含关系
13. if 'his' in sen:
14.     print ('"his" 在字符串 sen 中! ')
```

```
15. else:
16.      print ('"his" 不在字符串 sen 中！')
17. line = 'This string is with a \t tab and enter \n'
18. print (line)
19. print ('去除首尾的空格或者换行符', line. strip () )
20. #字符串根据某分隔符分割成多个 string 的 list
21. line_ ls = line. strip () . split ('\t')
22. print ('用 tab 分割的结果：', line_ ls)
23. #检查开头和结尾是否以某字符串结束
24. print (line. startswith ('Thi') )
25. print (line. startswith ('The') )
26. print (line. endswith ('\n') )
27. print (line. endswith ('on') )
28. #大小写转换
29. print (line)
30. print ('全大写：', line. upper () )
31. print ('全小写：', line. lower () )
32. #用分隔符拼接字符串列表
33. str_ ls = ['ab', 'cd', 'ef']
34. print ('直接拼接', ''. join (str_ls) )
35. print ('拼接并用逗号分隔', ', '. join (str_ls) )
36. #在字符串中嵌入变量
37. # format () 中的值分别对应于 string 中的 {} 内的值
38. #{1：.2f} 的含义如下：0 表示 format 中的第 0 个值, .2f 表示为 float 型, 且保留 2
位小数
39. #同理, {0: d} 表示第 0 个值, 且为整型
40. print ('This is the {0: d} th score:{1:.2f}'.format(5,3.14159))
```

输出结果如下：

```
一个字符串 This is a string
输出指定字符 T s g
字符串拼接：This is a string another string
获取字符串的一段 is
"his" 在字符串 sen 中！
This string is with a     tab and enter

去除首尾的空格或者换行符 This string is with a       tab and enter
用 tab 分割的结果：['This string is with a', 'tab and enter']
True
False
True
False
This string is with a     tab and enter
```

```
全大写：THIS STRING IS WITH A        TAB AND ENTER

全小写：this string is with a        tab and enter


直接拼接 abcdef
拼接并用逗号分隔 ab, cd, ef
This is the 5 th score : 3.14
```

由代码 3-3 可以看出，字符串的拼接、取值、切片（取出其中一段字符串）等操作和列表几乎完全一致。

对于一些字符串特殊的操作，最常用的有 strip() 和 split()，其中 strip() 用来去掉字符串两端的空格和换行符'\n'。这个操作的主要用途是在逐行读取文件时去掉每一行末尾都会有的换行符，只保留行内的内容。

而 split() 方法的作用是对字符串按照某个指定的字符或字符串作为分隔符进行分割。这个操作主要用于具有一定格式的数据的读取，比如一个以逗号分隔的 csv 文件，对于每一行，都可以读取进来以后用 split(',') 的方式分割成为包含各个字段取值的列表，便于后续的处理。

另外，与 split() 作用相反的一个操作是 join()，正如前面所展示的，join() 操作用某个分隔符将一个字符串列表拼接起来。如果为'' . join()，那么就是对列表中的内容直接拼接。

最后需要说明字符串中嵌入变量的情况，对于字符串应用 format() 方法，先在字符串中用大括号"{}"指定需要嵌入变量的位置，然后在 format 中根据大括号内的标号取出对应的值，如"{0}"表示 format() 中的第 0 个数（下标为 0，其实就是第一个）。如果需要指定输出格式，可以用冒号后面的格式控制符进行指定。这个 format 的用法非常普遍，尤其在需要输出程序中间计算结果时，一般会用 format() 和字符串中对变量的描述相结合，实现计算结果的输出。

下面介绍集合（set）和字典（dict）的相关操作。集合就是数学中的集合概念，元素无序而且无重复。字典则是通过键值对（key-value）的形式保存数据的一种结构，比如用人名作为 key，分数作为 value，就可以用一个字典保存所有人的分数，并且可以通过人名来查找对应的分数。集合的相关操作见代码 3-4。

代码 3-4　集合的相关操作

```
 1. #定义一个空集合
 2. s = set ()
 3. print ('空集合', s)
 4. #从列表定义集合
 5. ls = [1, 3, 4, 3, 2, 1, 2, 2]
 6. s = set (ls)
 7. print ('列表: ', ls)
 8. print ('来自列表的集合: ', s)
 9. #直接初始化集合
10. s = {1, 3, 1, 5}
```

```
11. str_set = {'conan', 'doraemon', 'conan'}
12. print ('直接定义整数集合：', s)
13. print ('字符串集合：', str_set)
14. # 集合增加一个元素
15. print ('原始集合：', s)
16. s. add (6)
17. print ('增加元素 6 后：', s)
18. # 移除增加一个元素
19. print ('原始集合：', s)
20. s. remove (1)
21. print ('移除元素 1 后：', s)
22. # 集合求交集（intersection）和并集（union）
23. set_a = {1, 2, 3, 4}
24. set_b = {3, 4, 5}
25. print ('集合 a：', set_a)
26. print ('集合 b：', set_b)
27. print ('集合 a 交 b：', set_a. intersection (set_b) )
28. print ('集合 a 并 b：', set_a. union (set_b) )
29. # 判断元素是否在集合中
30. if 4 in set_a:
31.     print ('4 在集合 a 中')
32. else:
33.     print ('4 不再集合 a 中')
34. print ('集合 {0} 中共有 {1} 个元素'. format (set_a, len (set_a) ) )
```

输出结果如下：

```
空集合 set ()
列表：[1, 3, 4, 3, 2, 1, 2, 2]
来自列表的集合：{1, 2, 3, 4}
直接定义整数集合：{1, 3, 5}
字符串集合：{'conan', 'doraemon'}
原始集合：{1, 3, 5}
增加元素 6 后：{1, 3, 5, 6}
原始集合：{1, 3, 5, 6}
移除元素 1 后：{3, 5, 6}
集合 a：{1, 2, 3, 4}
集合 b：{3, 4, 5}
集合 a 交 b：{3, 4}
集合 a 并 b：{1, 2, 3, 4, 5}
4 在集合 a 中
集合 {1, 2, 3, 4} 中共有 4 个元素
```

可以看到，Python 中的集合类型 set 具有无序不重复的特点，并且可以实现数学中的集

合的交集和并集操作。集合的一个很实用的操作就是用 set() 对某个列表内的元素进行去重，然后通过 len() 函数获得集合中元素个数，从而得到原始的列表中不重复元素的个数。

最后，介绍 Python 中的字典类型（dict），具体见代码 3-5。

代码 3-5　字典的相关操作

```
1. #生成一个空字典
2. d = dict ()
3. print ('空字典：', d)
4. d = {}
5. print ('空字典：', d)
6. #初始化一个字典
7. d = {'penny': 59, 'howard': 93, 'amy': 98, 'sheldon': 100}
8. print ('人名与分数的字典：', d)
9. #打印字典的键和值
10. print ('字典的键：', d.keys () )
11. print ('字典的值：', d. values () )
12. #查看某个键对应的值
13. print ('amy 的分数是：', d['amy'])
14. #查看某个键是否在 dict 中
15. has_raj = 'raj' in d
16. has_sheldon = 'sheldon' in d
17. v_in = 98 in d
18. print ('raj 是否是字典 d 的键?：', has_raj)
19. print ('sheldon 是否是字典 d 的键?：', has_sheldon)
20. print ('数字 98 是否是字典 d 的键?：', v_in)
21. #字典添加元素
22. d['raj'] = 96
23. print ('增加 raj 后的字典：', d)
24. #修改元素的值
25. d['penny'] = 55
26. print ('修改 penny 分数后的字典：', d)
27. #字典删除元素
28. del d['penny']
29. print ('删除 penny 后的字典：', d)
30. #查看字典有多少个键值对
31. print ('键值对的个数：', len (d) )
```

输出结果如下：

```
空字典：{}
空字典：{}
人名与分数的字典：{'penny': 59, 'howard': 93, 'amy': 98, 'sheldon': 100}
字典的键：dict_keys (['penny', 'howard', 'amy', 'sheldon'])
字典的值：dict_values ([59, 93, 98, 100])
```

```
amy 的分数是：98
raj 是否是字典 d 的键？：False
sheldon 是否是字典 d 的键？：True
数字 98 是否是字典 d 的键？：False
增加 raj 后的字典：{'penny': 59, 'howard': 93, 'amy': 98, 'sheldon': 100, 'raj': 96}
修改 penny 分数后的字典：{'penny': 55, 'howard': 93, 'amy': 98, 'sheldon': 100, 'raj': 96}
删除 penny 后的字典：{'howard': 93, 'amy': 98, 'sheldon': 100, 'raj': 96}
键值对的个数：4
```

字典类型的使用中也有需要注意的几个点：首先，字典的键和值可以通过调用 keys() 和 values() 这两个 dict 类型自带的方法取出，但是得到的是一个 dict_keys 和 dict_values 的对象，这两个对象不能直接使用下标获取对应的值，如执行 d. keys()[0]，会报错：TypeError：'dict _keys' object does not support indexing。如果想要通过下标取值，需要先转成 list，即 list (d. keys()) [0]，即可得到结果：'howard'。

在上面的代码中，可以看到，如果想要判断字典中是否存在某个键，那么可以用 key_name in dict_name 的方式进行判断。需要注意的是，这种形式只能判断某个键在不在 dict_name 中，而不能判断某个值在不在 dict_name 中。也就是说，key_name in dict_name 相当于 key_name in dict_name. keys()。如果想要判断某个值是否在字典中，则需要：key_name in dict_name. values()。

以上介绍了列表、字典等常见 Python 数据类型的一些用法和在使用中需要注意的内容。如果后续涉及其他在此没有介绍过的用法，我们将在使用时有针对性地单独予以介绍。下面介绍在编程中经常用到的一些 Python 的语句。

3.2.2　常用语句

在 Python 中很多功能强大的第三方库，或者称为模块（module），可以被用来帮助我们的编程。那么，如何调用这些模块并使用其中的方法呢？模块的调用需要用到 import 语句，具体的使用方式见代码 3-6。

代码 3-6　Python 中调用模块

```
1. # 直接调用模块
2. import numpy
3. # 使用模块中定义好的函数
4. print ('-1 的绝对值是：', numpy. abs (-1) )
5.
6. # 调用模块并以简写代指模块名称
7. import math as mt
8. print ('3.14 rads 的余弦值：', mt. cos (3.14) )
9.
10. # 从模块中引入部分内容
11. from collections import Counter
12. print ('列表统计结果', Counter ([1, 2, 3, 2, 2, 2, 1]) )
13.
```

```
14. # 引入部分并简写
15. from scipy import ceil as cl
16. print ('4.56 向上取整：', cl (4.56) )
17.
18. # 全部引入
19. from scipy import *
```

上述代码的输出结果为：

```
-1 的绝对值是：1
3.14 rads 的余弦值：-0.9999987317275395
列表统计结果 Counter ( {2: 4, 1: 2, 3: 1} )
4.56 向上取整：5.0
```

在常见的程序中有以下几种结构类型：顺序、循环及判断。下面介绍在 Python 中如何实现这几种形式（见代码 3-7）。

代码 3-7　Python 中的顺序、循环和判断

```
20. # 顺序执行
21. a = 1
22. a = a + 1
23. a = a * 3
24. print ('顺序执行结果：', a)
25.
26. # 循环
27. # for 循环
28. summ = 0
29. for i in range (100) :
30.     # i 从 0 到 99（注意 range 函数的循环不包含 100）
31.     n = i + 1
32.     summ = summ + n
33. print ('for 循环求解 1 ~ 100 之和为：', summ)
34. # while 循环
35. summ = 0
36. n = 1
37. while n <= 100:
38.     summ = summ + n
39.     n = n + 1
40. print ('while 循环求解 1 ~ 100 之和为：', summ)
41.
42. # 判断
43. a = 50
44. if a > 20:
45.     print ('a 大于 20')
46. elif a < 20:
```

```
47.     print ('a 小于 20')
48. else:
49.     print ('原来 a 就是 20!')
```

上面代码的执行结果为：

```
顺序执行结果：6
for 循环求解 1～100 之和为：5050
while 循环求解 1～100 之和为：5050
a 大于 20
```

在解决实际问题的过程中，经常遇到这样一种情况，那就是有些操作需要在不同地方重复执行，而其本身又是可复用的。此时，一般将其封装成一个函数，然后在需要执行这段操作的地方进行调用该函数即可。Python 中往往通过 def 语句来定义一个函数（见代码 3-8）。

代码 3-8　Python 中函数的定义和使用

```
1. # 定义一个函数, 输入两个 float 类型的元素形成的向量 (list 类型)
2. # 返回两向量之间的欧式距离
3. def distance (x, y) :
4.     """
5.     args:
6.         x : list of float
7.         y : list of float
8.     returns:
9.         dis : float
10.    """
11.    assert len (x) == len (y)
12.    summ = 0
13.    for i in range (len (x) ) :
14.        tmp = (x[i] - y[i]) ** 2
15.        summ += tmp
16.    dis = summ ** 0.5
17.    return dis
18.
19. x_vec = [1.3, 3.5, 2.4, 0.6]
20. y_vec = [1.1, 2.1, 5.8, 7.9]
21.
22. dist = distance (x_vec, y_vec)
23. print ('x_vec 和 y_vec 之间的距离为: ', dist)
```

输出结果为：

```
x_vec 和 y_vec 之间的距离为：8.176184929415431
```

除了定义函数以外，作为一门对象型语言，Python 中也可以自定义类型，并以此构建实例。下面介绍 Python 定义类型和使用类型的过程（见代码 3-10）。

代码 3-9　Python 中定义和使用类型

```
24. # 定义一个 Person 类型
25. class Person () :
26.     """
27.     define class Person
28.     """
29.     def __init__ (self, gender, age, hobby) :
30.         """
31.         initialize Person
32.         """
33.         self. gender = gender
34.         self. age = age
35.         self. hobby = hobby
36.
37.     def is_man (self) :
38.         """
39.         judge if is a man
40.         """
41.         if self. gender == 'm' or self. gender == 'male':
42.             return True
43.         elif self. gender == 'f' or self. gender == 'female':
44.             return False
45.         else:
46.             print ('Wrong parameter')
47.             return
48.
49.     def is_child (self) :
50.         """
51.         judge if under 18 years old
52.         """
53.         if self. age >= 18:
54.             return False
55.         else:
56.             return True
57.
58.     def self_introduce (self) :
59.         """
60.         introduce oneself
61.         """
62.         if self. is_man () and self. is_child () :
```

```
63.          mf = 'boy'
64.       elif self. is_man () and not self. is_child () :
65.          mf = 'man'
66.       elif not self. is_man () and self. is_child () :
67.          mf = 'girl'
68.       elif not self. is_man () and not self. is_child () :
69.          mf = 'woman'
70.       else:
71.          mf = 'unknown'
72.       print ('I am a {0}, and I am {1} years old'. format (mf, self. age) )
73.       print ('My hobby is {0} '. format (self. hobby) )
74.       return
75.
76. per = Person ('male', 14, 'tennis')
77. print ('是否未成年? ', per. is_child () )
78. print ('做个自我介绍吧：')
79. per. self_introduce ()
```

在 Python 中定义类型时有以下几个关键点：首先，类中的定义的函数一般被称为"方法"（method），其中，__init__()方法是一个特殊的方法，类似于 C++中的构造函数，是用来对类进行初始化的。当这个类型的实例被创建时，该方法就会被调用。其次，类中的属性用 self 进行标识，如 self. gender，这样的属性被称为实例变量，也就是可以被类的实例进行调用。如果不加 self，那么该变量只能在定义它的那个方法中使用，而不能被同类别的其他方法使用。需要注意的是，self 表示当前所在的类型的一个实例，也就是对象。因此，在类型的定义过程中，如果在某个方法中调用了本类型的其他方法，也需要用 self 调用，如上例中的 self. is_man()等，并将 self 作为该方法的入参。

由于本书中类的定义较少，因此这里不再赘述。对于 Python 中的类还有很多重要的内容，如继承、方法重写、私有方法等，如果需要进一步了解可以查阅相关资料。

最后，介绍在实际编程过程中经常用到的一些与文件处理相关的常见语句（见代码 3-10）。

代码 3-10　Python 中的常用语句

```
1. #### 文件读写操作 ####
2.
3. # 以只读方式打开一个文件
4. # 文件内容为:
5. # the 1st line in test. txt
6. # the 2nd line in test. txt
7. # end line
8. f = open ('test. txt', 'r')
9. print (f. readlines () )
10. f. close ()
```

```
11. # 输出结果为：
12. # ['the 1st line in test. txt \n', 'the 2nd line in test. txt \n', 'end line']
13.
14. # 追加方式打开一个文件，文件内容同上
15. f = open ('test. txt', 'a')
16. f. write ('append line \n')
17. f. close ()
18. # 执行完后文件内容为：
19. # the 1st line in test. txt
20. # the 2nd line in test. txt
21. # end lineappend line
22. # append line
23.
24. # 以写入方式打开一个文件，文件内容为追加完毕后的文件
25. # 写入方式从头开始写入，如果同名文件已存在，则原内容会被删掉
26. f = open ('test. txt', 'w')
27. f. write ('wrtie mode line \n')
28. f. close ()
29. # 执行完后文件内容为：
30. # wrtie mode line
31.
32. # with 方法操作文件，with 内的内容执行结束后会自动 close 文件
33. with open ('test. txt', 'r') as f:
34.     cont = f. readlines ()
35.     print (cont)
36. # 输出结果为：
37. # ['wrtie mode line \n']
38.
39. #### 检查路径是否存在 ####
40. import os
41. print ('路径是否存在？', os. path. exists ('test. txt') )
42. # 输出结果为：路径是否存在？True
43.
44. #### 获取文件夹下符合要求的所有文件路径 ####
45. from glob import glob
46. all_ls = glob ('data/* ')
47. print (all_ls)
48. # 输出结果为：['data \ \file_1.txt', 'data \ \file_2.txt', 'data \ \file_3.py']
49. f_ls = glob ('data/* . txt')
50. print (f_ls)
51. # 输出结果为：['data \ \file_1.txt', 'data \ \file_2.txt']
```

第 4 章　迭代与递归：汉诺塔与斐波那契数列

本章介绍两个算法中的经典例题，即汉诺塔问题（tower of hanoi）和斐波那契数列问题。这两个问题经常被用来阐释递归在具体问题中的应用方式。

4.1　汉诺塔问题介绍

汉诺塔问题是由法国数学家爱德华·卢卡斯提出的。关于这个问题，还有一个古老的神话传说。相传在一个印度教的神庙中，放置着三根铜柱，其中一根铜柱上堆叠着 64 个上小下大的金圆盘，如图 4-1 所示。

图 4-1　汉诺塔示意

这三根铜柱传说是由梵天创世时所造，庙里的僧侣每天都要按神谕的要求将圆盘从左侧的柱子移动到中间的柱子上，移动的过程中可以借助右侧的柱子。当最后一块圆盘被移动完毕后，整个世界就将会毁灭。

古老的神谕告诫僧侣，这些圆盘的移动需要遵循以下两条规则：第一，每次只能移动顶上的一片圆盘；第二，在移动过程中，永远保证小圆盘放在大圆盘上面，换句话说，在任意时刻，任意一个柱子上的圆盘都是从上到下依次变大的，如图 4-2 所示。

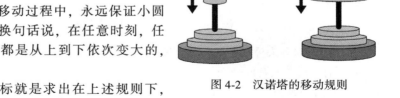

图 4-2　汉诺塔的移动规则

汉诺塔问题的目标就是求出在上述规则下，我们应当如何移动这些圆盘，才能将左侧柱子上的所有圆盘都移动到中间的目标柱子上。由于 64 个圆盘数量太大，为了便于分析，我们先从少数圆盘的情况开始试验。

4.2　汉诺塔问题的分析和求解

现在，我们先从较少的圆盘开始，对这个问题进行分析，看看能否从中得到什么规律。

4.2.1 分析步骤

我们将圆盘的数量记作 n。首先，对于 $n=1$ 的场景，解法是平凡的（trivial），那就是直接将圆盘移动到目标柱。在 $n=2$ 的场景下，应该如何进行操作，如图 4-3 所示。

为了便于说明，我们将初始摆放圆盘的柱子记作"FROM"，目标柱子记作"TARGET"，中间可能会暂时存放的柱子称为"VIA"。另外，左中右三根柱子也分别编号为 1 号柱、2 号柱和 3 号柱。图 4-3 所示为 $n=2$ 时汉诺塔问题的初始状态。下面，我们来移动这两个圆盘。移动的过程如图 4-4 所示。

图 4-3　$n=2$ 时的汉诺塔问题

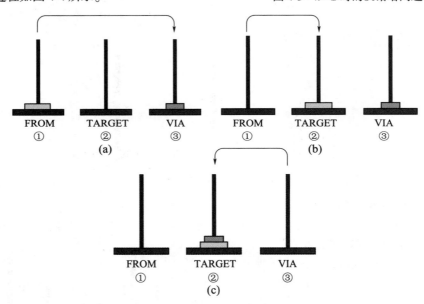

图 4-4　$n=2$ 时汉诺塔问题的移动步骤

我们结合图 4-4 来分析在只有两片圆盘时的移动方式。首先，由于规则限制，只能将小圆盘堆在大圆盘上，在只有两个圆盘的情况下，第一次取到顶上的小圆盘时，不能直接放到 TARGET 上，因为如果这样的话，下一次取大圆盘，就不能放到 TARGET，仍然还是要把小圆盘先拿掉。因此，第一步要将小圆盘放置着 VIA，也就是 3 号柱子上。然后，将大圆盘移动至 TARGET，最后将小圆盘放到大圆盘上，问题就解决了。

解决了 $n=2$ 的情况，再增加一个圆盘，得到 $n=3$ 的情况，如图 4-5 所示。

图 4-5　$n=3$ 时的汉诺塔问题

下面，我们来移动一下有三个圆盘的汉诺塔。一个可行的移动过程如图 4-6 所示。

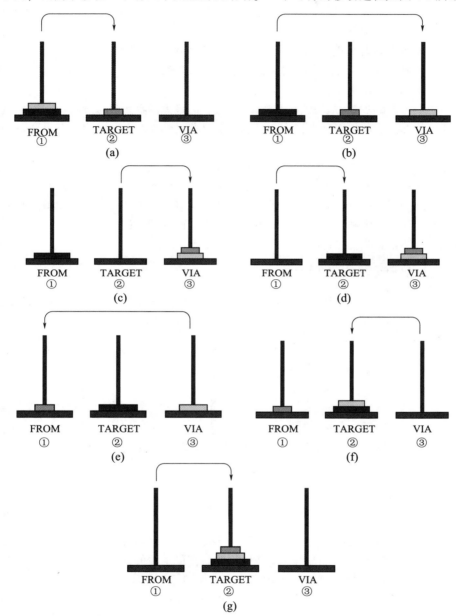

图 4-6 $n=3$ 时汉诺塔问题的移动步骤

这个移动步骤明显复杂了一些，在 $n=2$ 时只需移动 3 步，而此时移动了 7 步。下面来一步一步地分析整个移动的过程。

在上面的移动过程中，首先将顶上最小的圆盘移动到 TARGET。这和 $n=2$ 时的情况不一样，因为我们无法马上将下面的大圆盘移动到 TARGET，因此，先将最小的圆盘暂时放在 TARGET 上。然后，将中间的圆盘移动到 VIA，这时，最大的圆盘已经在 FROM 的顶上了（因为只有它自己了）。这时，将最小圆盘移动到 VIA，给最大的圆盘在 TARGET 上腾出地方，将最大的圆盘放在 TARGET 上。

这时，已经把最大的圆盘处理完了，下面的操作就不需要再移动它了。接下来，将最小圆盘移动回 FROM，然后将中间的圆盘移动到 TARGET 上，最后将小圆盘移动到 TAR-GET 上，整个问题就结束了。

仔细观察上面的步骤可以发现，以移动最底下的最大圆盘为界限，可以将整个过程分成两个独立的部分。前面部分先将小圆盘和中圆盘移动到 VIA，后面部分将小圆盘和中圆盘移动到 TARGET。

为什么会这样呢？这是因为，只要我们不移动最大的圆盘，其实完全可以不关心它的存在。因为移动的规则中，大圆盘不能放在小圆盘上，因此，只有移动大圆盘，才有可能触发这条规则。而大圆盘如果一直在最底下，那么所有圆盘都比它要小，也就不会触发这个规则。换句话说，大圆盘的存在也就不会影响它上面的圆盘的移动过程。

有了这个结论，我们可以尝试移动一下 n 个圆盘。

4.2.2　汉诺塔问题的递归解法

如图 4-7 所示，考虑一般情况，对于一个具有 n 个圆盘的汉诺塔问题，可以将最初的一堆圆盘分成两部分：最底下的大圆盘和它上面的 $n-1$ 个圆盘。

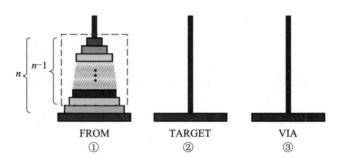

图 4-7　n 个圆盘的汉诺塔问题

按照前面的经验，将这 n 个圆盘由 FROM 移动到 TARGET 的过程也可以分为三个步骤：首先，将上面的 $n-1$ 个圆盘移动到 VIA，然后把最下面的大圆盘移动到 TARGET，最后，将 VIA 上的 $n-1$ 个圆盘移动到 TARGET 上，如图 4-8 所示。

综上所述，在 STEP 1 和 STEP 3 这两个过程的移动中，最下面的大圆盘对整个移动过程是没有影响的。因此我们发现，STEP 1 中，将 $n-1$ 个圆盘从 FROM（1 号柱）移动到 VIA（3 号柱），中间利用 TARGET（2 号柱）暂时存放。注意到，FROM、VIA 和 TARGET 是根据移动的目的来划分的，换个角度来看，这个过程可以视作将 $n-1$ 个圆盘从 1 号柱（新的 FROM）移动到 3 号柱（新的 TARGET），中间利用了 2 号柱（VIA），如图 4-9 所示。

同理，STEP 3 也可以用等价操作表示如图 4-10 所示。

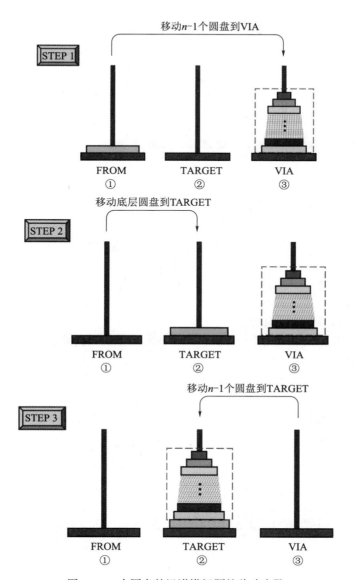

图 4-8　n 个圆盘的汉诺塔问题的移动步骤

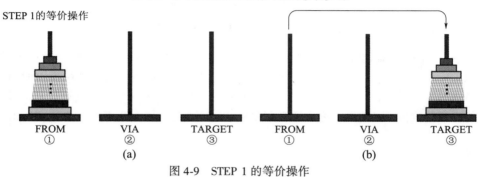

图 4-9　STEP 1 的等价操作

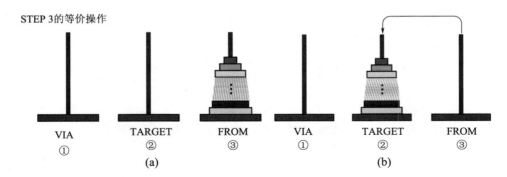

图 4-10　STEP 3 的等价操作

注意到，这两个等价操作，实际上就是 $n-1$ 个圆盘的情况下的汉诺塔问题。只不过需要改变起始柱（FROM）和目标柱（TARGET）的指定方式。这样，汉诺塔问题在 n 个圆盘时的解法可以由 $n-1$ 圆盘的情况解法获得，也就是说，我们建立起了参数为 n 的函数与参数为 $n-1$ 时函数的递推关系。再加上我们已经知道 $n=1$ 时的解法，因此，通过递归的方式，我们可以一层一层向后递推，直到 $n=1$。

$n=1$ 就是直接将圆盘移动至目标柱。然后，将该步骤回传给 $n=2$ 的情况，得到两个圆盘时应该怎么移动，然后再传给 $n=3$……依此类推，最终获得 n 个圆盘的解法。在汉诺塔问题中，递归算法又一次发挥了作用。通过递归的方式来理解这个过程，是非常简洁易懂的。

我们将这个过程画出来，如图 4-11 所示。

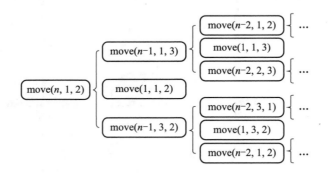

图 4-11　汉诺塔问题的递归过程

在图 4-11 中，move（x，A，B）表示将 x 个圆盘从 A 柱（FROM）移动到 B 柱（TARGET）。可以看到，将 n 圆盘从 1 号柱移动到 2 号柱的过程可以通过递归的方式写为三个步骤：首先，将 $n-1$ 个由 1 号柱到 3 号柱，然后将一个（最大的圆盘）从 1 号柱到 2 号柱，最后再将 $n-1$ 个从 3 号柱移动到目标柱，即 2 号柱。由于采用了递归，$n-1$ 的情况可以同理写出，依此类推，直到最后只剩下移动一个圆盘的情况。

根据这个思路，对应的代码可以写成代码 4-1 的形式。

代码 4-1　递归求解汉诺塔问题

```
1. def move_hanoi (n, FROM, VIA, TARGET) :
2.     if n == 1:
3.         print ("- 将圆盘从 {0} 移动到 {1} ". format (FROM, TARGET) )
4.     else:
5.         move_hanoi (n-1, FROM, TARGET, VIA)
6.         move_hanoi (1, FROM, VIA, TARGET)
7.         move_hanoi (n-1, VIA, FROM, TARGET)
8.     return
9.
10. # 测试一下不同数量圆盘下的结果
11. FROM = '1 号柱'
12. VIA = '3 号柱'
13. TARGET = '2 号柱'
14.
15. for n in range (1, 5) :
16.     print ("{0} 个圆盘时的汉诺塔问题的解法步骤如下：". format (n) )
17.     move_hanoi (n, FROM, VIA, TARGET)
18.     print (" \n")
```

输出结果如下：

```
1 个圆盘时的汉诺塔问题的解法步骤如下：
-将圆盘从 1 号柱移动到 2 号柱


2 个圆盘时的汉诺塔问题的解法步骤如下：
-将圆盘从 1 号柱移动到 3 号柱
-将圆盘从 1 号柱移动到 2 号柱
-将圆盘从 3 号柱移动到 2 号柱


3 个圆盘时的汉诺塔问题的解法步骤如下：
-将圆盘从 1 号柱移动到 2 号柱
-将圆盘从 1 号柱移动到 3 号柱
-将圆盘从 2 号柱移动到 3 号柱
-将圆盘从 1 号柱移动到 2 号柱
-将圆盘从 3 号柱移动到 1 号柱
-将圆盘从 3 号柱移动到 2 号柱
-将圆盘从 1 号柱移动到 2 号柱


4 个圆盘时的汉诺塔问题的解法步骤如下：
-将圆盘从 1 号柱移动到 3 号柱
```

```
-将圆盘从 1 号柱移动到 2 号柱
-将圆盘从 3 号柱移动到 2 号柱
-将圆盘从 1 号柱移动到 3 号柱
-将圆盘从 2 号柱移动到 1 号柱
-将圆盘从 2 号柱移动到 3 号柱
-将圆盘从 1 号柱移动到 3 号柱
-将圆盘从 1 号柱移动到 2 号柱
-将圆盘从 3 号柱移动到 2 号柱
-将圆盘从 3 号柱移动到 1 号柱
-将圆盘从 2 号柱移动到 1 号柱
-将圆盘从 3 号柱移动到 2 号柱
-将圆盘从 1 号柱移动到 3 号柱
-将圆盘从 1 号柱移动到 2 号柱
-将圆盘从 3 号柱移动到 2 号柱
```

可以看出，汉诺塔问题的步骤随着圆盘数量的增加而增加。如果 n 个圆盘时的移动次数记作 $t(n)$，那么 $t(n) = 2t(n-1) + 1$。由于 $t(1) = 1$，经过简单推算可以得到：$t(n) = 2^n - 1$。回到最初的 64 个圆盘的汉诺塔问题，移动次数的量级约为 184 亿亿次。因此，虽然圆盘数量并不很多，但由于是移动次数指数增加，这个数量非常大，即便按照一秒一次来计算，也需要 5 849.42 亿年，是现今宇宙年龄的 42 倍左右。可能传说中的预言家已经知道了这个数字的庞大，所以才会预言当所有圆盘移动完毕时，世界也将随之消失吧。

接下来，我们要讨论一个很多人都听说过的经典问题：斐波那契的兔子问题。通过这个问题，我们将会实现斐波那契数列的生成方法，并以此讲解算法中的两个重要的概念：递归与迭代。

4.3 兔子繁殖问题与斐波那契数列

斐波那契数列是我们中学时学过的一个经典的数列，这个数列中，从第三项开始往后的每一项都是前面两项的和。那么，这个数列是怎么得来的呢？这就不得不提到命名了这个数列的数学家斐波那契。

斐波那契（见图 4-12）是中世纪的著名数学家，他的本名叫列奥纳多，由于他出生于中世纪的比萨共和国（现在位于意大利境内），因此人们又把他称为比萨的列奥纳多。

斐波那契对于数学的很多领域都有研究，并且致力于将进位制的阿拉伯数字系统引进欧洲，以取代烦琐的罗马数字表示方法。斐波那契写过一部重要的著作——《计算之书》。这本书主要介绍位值表示法的阿拉伯数字系统，并且讨论了这套系统在商人计算交易、利息等实务中的优势（斐波那契的父亲就是个商人，斐波那契关于阿拉伯数字的知识也是在随着父亲去地中海贸易时学来的）。正是在这本书中，斐波那契介绍了一个假想的兔子繁殖问题，以及这个问题的求解

图 4-12　斐波那契

方法。

这个问题是这样的：假设现在有一对小白兔，那么第 n 个月后，通过繁殖能够得到多少只兔子？

这个问题有以下几个假设：①小白兔要一个月成熟为老白兔、两个月后才能生新的小白兔；②每一对可以生育的兔子每个月都要生一对小白兔；③新出生的小白兔都是一公一母；④兔子们可以一直存活（见图 4-13）。

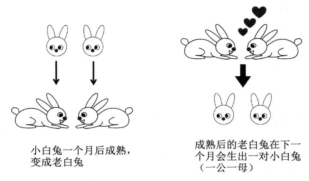

小白兔一个月后成熟，　　　成熟后的老白兔在下一
变成老白兔　　　　　　　个月会生出一对小白兔
　　　　　　　　　　　　（一公一母）

图 4-13　斐波那契的兔子繁殖问题的假设条件

我们来分析一下这几个假设条件。首先，一个月成熟，再一个月才能生育，这样一来，使得兔群的增长是有一定时间效果的，即后面的某个月兔子数量不止要追溯到上个月。然后，可以生育的老白兔每个月生一对小白兔，以及新出生的小白兔一公一母保证了每个时间点的规律是一样的。最后，兔子不死亡，说明只需算加法，兔群的数量是逐渐增加的。

为了更好地理解这个过程，我们先把前几个月的情况画出来看一下，如图 4-14 所示。

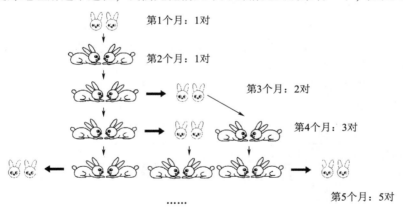

第1个月：1对

第2个月：1对

第3个月：2对

第4个月：3对

······

第5个月：5对

图 4-14　兔子繁殖情况示意

我们来仔细研究一下这幅图。首先，在最初始的时候，也就是第 1 个月，我们只有 1 对小白兔。一个月过后，兔子的对数仍然是 1 对，只不过这时候小白兔已经变成了老白兔。第 3 个月时，最初的 1 对兔子生育了 1 对新的小白兔，而老白兔仍然存在，因此此时总共有 2 对兔子。

到了第 4 个月，由于老白兔每个月必须生 1 对新的小白兔，我们就又多了 1 对兔子，可是上个月出生的小白兔刚刚成熟为老白兔，还没法生育，于是在第 4 个月时，我们就有了 3 对兔子。

而到了第 5 个月时，上个月的出生的小白兔成熟了，而上个月成熟的老白兔可以生育了。再加上之前就已经可以生育的老白兔，我们又添了 2 对小白兔。新来的小白兔再加上之前已经有了的兔子们，在第 5 个月时，我们总共有了 5 对兔子。

……

经过上面这一段分析，似乎还没有看出什么规律，但是我们应该隐约可以发现，整个计算过程好像把小白兔和老白兔分开来考虑了。沿着这个思路，把每个月的小白兔和老白兔分别圈出来，如图 4-15 所示。

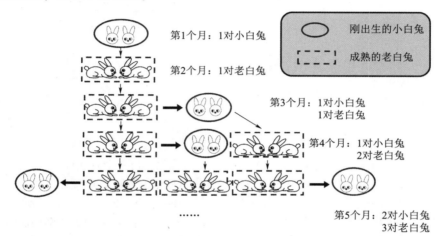

图 4-15　兔子繁殖问题中的老白兔与小白兔

每个月的小白兔必然都是刚出生的，因为只要过一个月，小白兔就会变成老白兔。那么，换个角度来想，每个月的小白兔数量实际上就是这个月所有能生育的老白兔的数量。而另一方面，这个月的能生育的老白兔都是从前面月份的小白兔逐渐成长过来的。这样一来，可以通过寻找小白兔数量和老白兔数量之间的关系来发现其中的规律。为了清楚起见，将每个月的小白兔和老白兔的数量分别写出来，并画成表格，如图 4-16 所示。

月份	第1个月	第2个月	第3个月	第4个月	第5个月	第6个月	第7个月	第8个月	第9个月	……
兔子总数	1	1	2	3	5	8	13	21	34	……
老白兔数量	0	1	1	2	3	5	8	13	21	……
小白兔数量	1	0	1	1	2	3	5	8	13	……

图 4-16　每个月的老白兔和小白兔数量

观察图 4-16 中的这张表，我们发现了什么？

首先我们发现，每个月的兔子总数，总是等于下个月的老白兔的数量，并且还等于下下个月的小白兔的数量。比如：第 4 个月总共有 3 对兔子，第 5 个月老白兔有 3 对，而第 6 个月的小白兔也有 3 对。这个规律对于每个月都是有效的。

那么为何会这样呢？其实很好理解：在某个月份中，兔子群里可能同时有老白兔和小白兔，但是由于我们假设小白兔一个月就可以变成老白兔（注意，此时还不能生育），那么如果不考虑兔子的繁殖，只考虑本月份就已经存在的兔子总数，这些兔子不论老小，到了下个月都会变成老白兔。因此，本月的兔子总数永远和下个月的老白兔总数相等。

另外，对于每个月的小白兔来说，它的数目和本月能生育的老白兔数量自然是相等的。然而，并不是上个月所有的兔子到了本月都能生育。当且仅当上个月就已经是老白兔的（不论是刚刚成熟，还是早就成熟）那些兔子，在本月才能生育自己的小白兔。这样一来，本月的老白兔总数永远和下个月的小白兔总数相等。

将上面这两条规律进行总结，如图 4-17 所示。

月份	第1个月	第2个月	第3个月	第4个月	第5个月	第6个月	第7个月	第8个月	第9个月	……
兔子总数	1	1	2	3	5	8	13	21	34	……
老白兔数量	0	1	1	2	3	5	8	13	21	……
小白兔数量	1	0	1	1	2	3	5	8	13	……

本月小白兔数=上月老白兔数=上上月兔子总数

本月老白兔数=上月兔子总数

本月兔子数=本月小白兔数+本月老白兔数
　　　　　=上上月兔子总数+上月兔子总数

图 4-17　老白兔与小白兔的规律

于是，我们得到了每个月的兔子数目之间的规律，那就是：本月的兔子数是上个月和上上个月兔子数的叠加。用公式写出来，即：

$$f(n)=f(n-1)+f(n-2), \qquad n=3,4,5,\cdots$$
$$f(1)=1, f(2)=1$$

其中，$f(n)$ 为第 n 个月的兔子对数。这个数列写出来，如下：

$$1, 1, 2, 3, 5, 8, 13, 21, 34, \cdots$$

这个数列就是著名的斐波那契数列。实际上，斐波那契数列由来已久，并非斐波那契的发明。这个数列早在古时候印度数学家就提出了。而斐波那契却是第一个将其介绍到欧洲的人，因此就以他的名字命名为斐波那契数列。

有了上面得到的递推式，就可以通过计算得到数列的第 n 项的值。接下来，介绍如何计算得到斐波那契数列的第 n 项。

4.4　斐波那契数列的生成算法

这里所说的斐波那契数列的生成，是指给出一个数字 n，返回斐波那契数列的第 n 项的值，也就是上面的 $f(n)$。这个函数的写法可以采用两种方式，这两种方式分别代表算法中最为基础且常见的两种模式：迭代（iteration）和递归（recursion）。下面，分别介绍这两种算法的思路。

4.4.1　实现途径：递归与迭代

由于斐波那契数列中，除了最初的两项外，每一项都可以通过递推式由前面两项推出来。对于第 n 项的值，可以先求出第三项的值 $f(3)$（利用第一项和第二项），然后再通过 $f(2)$ 及计算得到的 $f(3)$ 求出 $f(4)$，依此类推。这个过程就像多米诺骨牌游戏（见图 4-18），是一个正向的，时序的过程。由前到后，顺次进行，不断进行更新，最终得到输出结果。

要想编程实现这个迭代的过程，需要维护两个变量，分别代表前面第一项和前面第二项，然后在循环迭代中更新这两个值，如图 4-19 所示。

图 4-18　多米诺骨牌

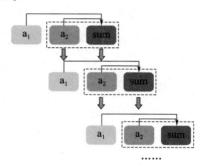

图 4-19　斐波那契数列的迭代求解过程

首先，把初始的第一项和第二项分别赋给 a_1 和 a_2，然后，计算出二者之和，得到第三项 sum。计算结束后，将当前 a_2 的值赋给 a_1，并将第三项即 sum 的值赋给 a_2，相当于将 a_1 和 a_2 在数列中向右移动了一格，此次循环结束。下一次循环时，仍然计算 a_1 和 a_2 的和，并且重新进行赋值……重复相同的步骤，直到 sum 移动到第 n 项所在的位置。

这个过程写成代码 4-2。

代码 4-2　迭代法求解斐波那契数列问题

```
19. def get_fibonacci_iteration (n) :
20.     a1 = 1
21.     a2 = 1
22.     if n == 1 or n == 2:
23.         return 1
24.     for i in range (n-2) :
25.         summ = a1 + a2
26.         a1 = a2
27.         a2 = summ
28.     return summ
29.
30. for n in range (1, 10) :
31.     f_n = get_fibonacci_iteration (n)
32.     print ("第 {0} 个月兔子对数量为：{1} ". format (n, f_n) )
```

下面进行测试，看一下输出结果：

第 1 个月兔子对数量为：1
第 2 个月兔子对数量为：1
第 3 个月兔子对数量为：2
第 4 个月兔子对数量为：3
第 5 个月兔子对数量为：5
第 6 个月兔子对数量为：8
第 7 个月兔子对数量为：13
第 8 个月兔子对数量为：21
第 9 个月兔子对数量为：34

除了上面的迭代法，还有另一种方法能够求解这个问题，这就是递归法。仍然是斐波那契数列问题，递归法的思路：如果想要得到第 n 项的值，只需得到第 $n-1$ 项和第 $n-2$ 项的值。只要有了这两个值，通过简单的加法就能获得第 n 项的值，也就是我们的目标。而第 $n-1$ 项的值如何计算呢？第 $n-1$ 项的值只要有了 $n-2$ 和 $n-3$ 项的值就能得到……

依次往后推进，最终会走到这一步：第 3 项的值如何计算呢？只需知道第 1 项和第 2 项的值即可。而对我们来说，第 1、2 项的值是知道的。于是，我们就得到第 3 项的值。这样一来，第 2、3 项都知道了，就可以计算第 4 项……逐渐地，我们就退回到了最初的问题："如果想要得到第 n 项的值，只需第 $n-1$ 项和第 $n-2$ 项的值。"但是此时，第 $n-1$ 和第 $n-2$ 项的值已经知道了，可以直接相加，得到最终的目标结果。

这一过程如图 4-20 所示。

图 4-20 中的 $f(\cdot)$ 就是我们所定义的计算斐波那契数列的某一项的函数。

递归法求解斐波那契数列问题的过程如图 4-21 所示，要想计算含某个参数 n 的函数值 func(n) 时，这个计算过程需要依赖于一个参数取其他值的函数值，如 func$(n-1)$，而这个函数值的计算又要依赖于其他参数的函数值……这样一路下去，直到某一个参数下的函数值可以直接求解，将这样的值解出来，然后传给上一个调用它的函数，计算出结果，继续传递，直到传回最初始的函数，得到所求的目标。

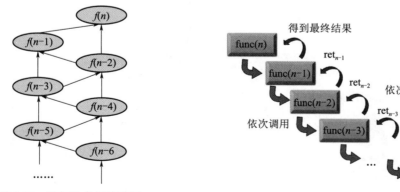

图 4-20 递归法求解斐波那契数列问题的过程

图 4-21 递归法的基本流程

需要注意的是，图 4-21 只是给出了一个实例，递归的过程并不都是参数值减 1，只要有相应的规律，也即能够知道不同参数的函数之间有什么关系即可。但是我们发现，在调用的过程中，虽然参数变了，但是调用的都是同一个函数。因此，上面的递归可以简单描述成图 4-22 的样子。

如果也要想迭代对应于多米诺骨牌那样，为递归做一个形象的比喻，递归的过程就像我们玩过的俄罗斯套娃（见图 4-23）。打开一个套娃，里面套着一个和自己一样的，但是小一点的套娃（参数不同），继续打开，还是一个和自己一样的但是小一号的套娃……

正如进入一个函数，函数中的内容却是：正如进入一个函数，函数中的内容却是：正如进入一个函数，函数中的内容却是……

函数调用自身

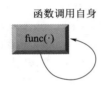

图 4-22　递归实际上是函数在调用自身　　　　　　　图 4-23　俄罗斯套娃

另外，还要提到的一点是，递归必须要有一个终点，也就是说，回退的过程总要退到一个可以直接计算出结果的情况，然后才能逐级返回，比如在本例中，$n=1$ 和 $n=2$ 的情况。

下面，用代码来实现递归方法，见代码 4-3。

代码 4-3　递归法求解斐波那契数列问题

```
33. def get_fibonacci_recursion (n) :
34.     if n == 1 or n == 2:
35.         return 1
36.     else:
37.         return get_fibonacci_recursion (n-1) + get_fibonacci_recursion (n-2)
38.
39. for n in range (1, 10) :
40.     f_n = get_fibonacci_recursion (n)
41.     print ("第 {0} 个月兔子对数量为: {1} ". format (n, f_n) )
```

下面进行测试，输出结果如下：

```
第 1 个月兔子对数量为: 1
第 2 个月兔子对数量为: 1
第 3 个月兔子对数量为: 2
第 4 个月兔子对数量为: 3
第 5 个月兔子对数量为: 5
第 6 个月兔子对数量为: 8
第 7 个月兔子对数量为: 13
第 8 个月兔子对数量为: 21
第 9 个月兔子对数量为: 34
```

为了更清楚地看出递归的过程，我们增加了几行打印内容，见代码 4-4。

代码 4-4 递归法求解斐波那契数列问题（修改版）

```
42. def get_fibonacci_recursion_print (n) :
43.     print ("计算 f ( {0} ) ". format (n) )
44.     if n == 1 or n == 2:
45.         return 1
46.     else:
47.         return get_fibonacci_recursion_print (n-1) + get_fibonacci_recursion_print (n-2)
48.
49. n = 5
50. get_fibonacci_recursion_print (n)
```

下面进行测试，输出结果如下：

```
计算 f (5)
计算 f (4)
计算 f (3)
计算 f (2)
计算 f (1)
计算 f (2)
计算 f (3)
计算 f (2)
计算 f (1)
```

我们对于上面的输出结果逐行进行解释：计算 $n=5$ 时的函数值，需要递归计算 $n=4$ 和 $n=3$ 的函数值，而 $n=3$ 时需要计算 $n=2$ 和 $n=1$ 的结果，这两个结果可以直接返回。而对于 $n=4$ 的情况，需要计算 $n=2$ 和 $n=3$ 的函数值。$n=2$ 的直接返回，$n=3$ 的还需要计算 $n=2$ 和 $n=1$，然后返回。至此，$n=5$ 的结果就被计算出来了。

在实际的程序中，递归的过程是通过栈来实现的。当我们调用的函数中需要另一个参数下的函数的返回值才能计算时，这个函数就被压入栈中，同理，下个函数如果仍然需要依赖于其他函数返回值，那么继续压栈，如图 4-24 所示。

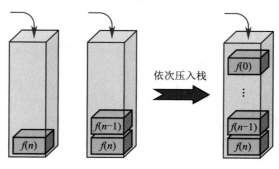

图 4-24 递归过程中不能直接计算的函数需要压栈

当到达可以直接计算的函数时，我们直接将计算的结果返回，然后从栈中弹出栈顶的函数（也就是需要依赖这个返回值的函数），进行计算，并返回结果，然后继续弹出栈顶函数，直到栈为空，如图 4-25 所示。

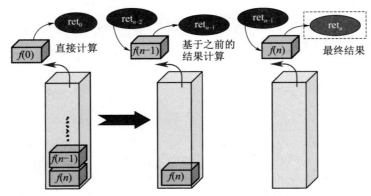

图 4-25　计算结果逐级返回得到最终结果

其实，递归的思想在很多问题中都能用到。再举一个简单的例子，即爬楼梯问题：假如我们要从平地走到共有 n 阶的楼梯顶端，每次只许爬一阶或两阶（见图 4-26），那么一共有多少种不同的上楼方式？

图 4-26　爬楼梯问题

如果直接进行计算，枚举所有的可能性，自然不是一个好方法。我们可以这样来分析这个问题：假设现在我们已经在最高点了，那么，上一步我们是如何上来的呢？根据我们的预设，只有两种可能，要么是从倒数第一阶台阶走一步上来，要么就是从倒数第二阶台阶跨两阶直接上来（这两种情况是互斥的，因为上一步只能有一种可能）。

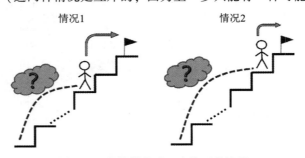

图 4-27　爬楼梯最后一步的两种情况

在这两种情况下，不论是先爬到倒数第一阶还是倒数第二阶，这个过程也有很多种实现方法。并且，爬 $n-1$ 阶和爬 $n-2$ 阶的方式数目的计算逻辑，和爬 n 阶的是一样的。这样一来，爬一个 n 阶台阶的楼梯的方式数目，实际上就是爬 $n-1$ 阶的楼梯的方式数目和爬 $n-2$ 阶楼梯的方式数目之和。

发现了什么？这就是斐波那契数列的生成方法，只不过与我们的初始条件不一样。（$n=1$ 时有一种爬法，$n=2$ 时有两种爬法）因此该问题也可以写成递归的方式进行求解。

至此，已经介绍了迭代和递归这两种常用的算法思路。下面来探讨一下二者的区别和联系。

4.4.2　递归与迭代的区别与联系

在实际应用中，递归和迭代都是解决前后阶段之间具有依赖关系的问题。本质上来说，都是利用上一阶段的结果，来计算下一个阶段的结果。比如，在这里斐波那契数列的例子中，不管是迭代还是递归，都是用斐波那契的递推公式来计算结果的。

迭代和递归，这二者之间其实更多的是出发点和实现思路选择上的不同。

递归是函数调用自身，因此只需处理好不同参数时，函数之间的递推关系即可。比如，上面的代码中，递归的写法很容易看懂，无非就是后一项由前面两项加起来。而迭代的代码则相对麻烦一些，需要仔细推敲哪些变量在迭代过程中变化了，是如何变化的等。因此，对于写代码而言，如果问题较为复杂，递归形式一般来说更容易看懂，而迭代在理解上可能会略微复杂一些。

但是，从程序的实际运行情况上来看，如果忽略掉调用函数和堆栈使用的开销，单纯考察代码语句，可以看出，递归和迭代在时间复杂度上并无太大区别。但是在空间上看，迭代只用了三个变量，是常数的空间复杂度，而递归则需要不断地将调用的函数压栈，因此需要较大的栈的开销。如果嵌套次数太多，很容易空间就会不够用了。

另外，在递归过程中，经常会存在着很多重复计算。继续用斐波那契数列生成来举例，比如：要计算 $n=10$ 的值，就需要计算 $n=9$ 和 $n=8$ 的值，但是在计算 $n=9$ 的值时，仍然需要递归计算，即计算 $n=8$ 和 $n=7$ 的值。注意，此时 $n=8$ 的值就被重复计算了两次。这种重复计算是我们希望避免的。因此，虽然递归是一种逻辑上优雅的方法，但是在实际中考虑时空开销，很少会直接暴力递归，通常需要针对上述缺陷，对递归进行一些优化。

第5章　二分查找与分治法：从猜数字问题说起

本章介绍二分查找与分治法的基本思想。这里以一个大家都熟知的猜数字的游戏为例，由浅入深地介绍二分查找及其后面的算法思想：分治法。

5.1　二分查找思想：猜数字游戏

这里所说的猜数字游戏，是指给定一个范围，如1~100。一个人A心里想一个在这范围内的整数，另一个人B通过询问的方式，试图猜出这个数是多少。另外，B每次说一个数字后，A都要告诉B是否猜中，如果没猜中，那么是猜大了还是猜小了。我们的目的就是以尽量少的次数，猜中A心中所想的数字。

这个问题想必大家早就听说过了。而它的解法我们也都知道，那就是从中间的数开始，根据对方的反馈"大了"还是"小了"，来决定这个数所处的范围，再猜这个范围中间的那个数，依此类推……最终就可以将范围缩小到1，即找到A所想的数字。这个方法也被称为"二分查找"（binary search），顾名思义，就是找到中点，分成两份，确定区间后继续递归地查找下去，如图5-1所示。

图 5-1　猜数字游戏

在这里提到这个问题，目的当然不是简单地告诉大家这个猜数字的问题应该怎么去解决。我们希望的是探究这个问题体现出的算法思想。它值得分析和思考的是：为什么要用这种方式来操作？它的本质和核心是什么？而这种思路可以推广到多少类似的问题？

首先，我们来思考一下，为什么每次我们都猜中间的那个数字？自然，我们不会随机猜一个数字，因为每给出一次答案就要消耗一次猜测的次数，而我们希望次数尽量小。在最开始时，除这个整数的范围以外，我们没有任何额外信息来指导我们的猜测。如果用一种更加严谨的形式来表达，那就是说：对这个范围内的所有整数来说，它们被选中的概率是相等的。在统计学和信息论领域中，有一个著名的原则，叫作最大熵原理（maximum entropy principle）。简单来说就是：在我们掌握了一定信息的前提下，对于未知事物做的判断（如对于模型参数的估计），应该选择让结果最随机的那一个。或者换个说法，我们应该选择那个符合已有知识的但是最不确定的推断，这样做的目的是让我们获得一个在既定前提下最公正的、不偏不倚的选择。在这个实例中，我们的既有知识就是数字的范围，而选择中间那个数就是使得结果最不确定的操作。试想一下，我们有理由选择前一半么？如果选择了，那也说明，我们人为地增加了一个偏见，那就是：猜数字的人猜一个小数字的可能性更大。而这个偏见是没有道理的。同理，我们也不能选择后一半，因此，第一次应该选择中间位置的数字。

当第一次选择完成后，就会获得对于选择结果的一个判断。只要给定一个判断，我们就又增加了信息，或者说知识。这样一来，这个问题就变成了一个范围更小的，但是规则还是一样的猜数字问题（这个性质很重要），从而我们可以一种迭代的方式，最终找到那个数字。

我们再来思考一下，像这样的二分查找的核心是什么呢？实际上，二分查找的核心就是利用数组的有序性，在得到一个局部的知识后就可以推理得出若干新的信息，从而排除掉部分待查找的元素，从而降低算法的复杂度。

这个思路可以推广到任何有序数组查找元素的问题。只要数组是有序的，就可以用二分查找的方式，取中点的元素，然后和待查找的比较，从而可以排除掉一半的数据不再查找，大大降低了复杂度（见图 5-2）。而上面的猜数字问题，只是有序数组查找问题在"数组元素为连续整数"这一特殊情况下的特例。

查找8是否在数组内？并返回位置。

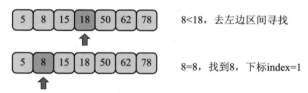

图 5-2　有序数组的二分查找示例

下面就是一个对于有序数组的二分查找的代码示例。如果查找的元素不在数组中，则返回 -1，否则返回元素在数组中的下标（从 0 开始）（见代码 5-1）。

代码 5-1　有序数组的二分查找

```
1. def binary_search (arr, target) :
2.     #初始化搜索区间为：[0，n-1]
3.     left, right = 0, len (arr) - 1
4.     #只要区间非空，就进行搜索
5.     while left <= right:
6.         #先猜区间的中点
7.         mid = (left + right) // 2
8.         #猜对了？直接返回！
9.         if arr[mid] == target:
10.            return mid
11.        #猜大了？往左边找
```

```
12.         elif arr[mid] > target:
13.             right = mid - 1
14.         # 猜小了？往右边找
15.         elif arr[mid] < target:
16.             left = mid + 1
17.     # 没有提前返回，说明没找到，返回-1
18.     return -1
19.
20. arr = [5, 8, 15, 18, 50, 62, 78]
21. targets = [8, 78, 67]
22.
23. print (f"待查找数组：{arr} ")
24. for target in targets:
25.     index = binary_search (arr, target)
26.     if index == -1:
27.         print (f"{target} 不在数组里！")
28.     else:
29.         print (f"{target} 所在的位置是：{index} ")
30.
```

输出结果如下：

```
待查找数组：[5, 8, 15, 18, 50, 62, 78]
8 所在的位置是：1
78 所在的位置是：6
67 不在数组里！
```

从代码 5-1 可以看出，二分查找的代码逻辑非常简单。需要注意的是，判断后形成新区间的边界条件，以及循环继续进行的条件。这些之所以重要，是因为随着二分的进行，区间被我们一步步缩短，最终会收缩到只有一个元素的情况。我们需要保证如果目标元素在数组中，那么由最后一个 left 和 right 所确定的那个位置的元素就是我们要找的目标元素。

如果我们将区间定为闭区间，即 [left, right]，这样一来，最后一个元素的位置就是 left 所在的位置。而每次取中点 mid 时，遇到 left+right 为奇数的情况，即可直接向下取整。另外，当需要向左或者向右二分缩小范围时，需要对 mid 进行+1 或者−1 的操作，避免继续包含 mid 进去（因为我们默认了是闭区间）。

简单分析一下二分查找的时间复杂度。由于每次都将当前的数组一分为二，那么，如果原始数组长度为 n，一次二分操作后，变成两个 $n/2$（为了简单起见，我们假设 n 是 2 的幂次），然后排除掉一个 $n/2$ 后，剩下的 $n/2$ 继续二分，得到两个 $n/4$……这样下去，如果第 k 次时仅剩下一个元素，那么 $n/(2^k) = 1$，于是 $k = \log (n)$。也就是说，二分查找的时间复杂度是 $O(\log n)$ 级别的。相比于朴素的从头到尾依次比较查找（$O(n)$），已经是一种高效的方法。

5.2　二分查找与二叉查找树

通过前面的说明，我们已经理解了二分查找的思想及其效率优势。那么，既然可以通过对数组进行二分的方式来查找元素，那么，是否可以将这种查找的方式用某种数据结构"固定"下来，每次查找只需依照和二分查找相似的思路，用较少的步骤就可以找到目标元素呢？

这样一种利用二分的原理来提高查找效率的数据结构就是二叉查找树（binary search tree，BST）。二叉查找树，也被翻译成二叉搜索树。顾名思义，它是二叉树的一种特殊形式，一棵二叉树要想成为二叉查找树，需要满足以下两个条件：

（1）如果某个节点有左子树，那么它的左子树上所有节点的值都小于该节点的值；类似地，如果有右子树，那么它的右子树上所有节点的值都大于该节点（和一个有序数组是类似的）。

（2）左右子树也满足二叉查找树的性质（这一条是递归定义，回想一下，"树"的定义本身就是递归的）。

图 5-3 所示为一棵满足条件的二叉查找树。

二叉查找树，自然是为了查找。那么它应该怎么用呢？比如，我们要在上面的这棵二叉查找树中查找值为 5 的节点，操作步骤如下：首先，与根节点比较，如果小于根节点的值，就进入左子树，否则进入右子树。然后将这个过程循环进行，直到找到该节点，返回；或者进入的子树为空，说明该元素不在树中，返回未找到。这和对于有序数组的二分查找非常相似，如图 5-4 所示。

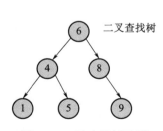

图 5-3　二叉查找树示例

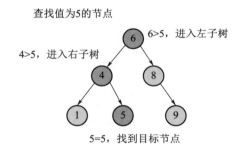

图 5-4　二叉查找树中查找值为 5 的节点的过程

那么，如何从已有的数据中构建一棵二叉查找树呢？实际上，可以把构建二叉查找树的过程视为从只有一个元素的树开始，依次将所有数据插入树中，并且保持每一步操作后都符合二叉查找树定义的过程。所以，其实只需知道如何在已有的二叉查找树中插入一个新元素即可。

在二叉树中插入一个元素的过程和查找的过程类似，如图 5-5 所示，仍然是从根节点开始，依次比较，小于当前节点进入左子树，否则进入右子树。对于查找来说，如果发现要进入的子树为空，说明没有找到；而对于插入来说，遇到子树为空的情况，即可将新元素插入该子树所在的位置。由于新元素在插入之前和它所经过的所有节点

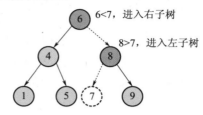

插入值为7的节点

6<7，进入右子树

8>7，进入左子树

左子树为空，插入该处

图 5-5　二叉查找树插入元素过程

都进行了比较，并且按照二叉查找树的规则"下沉"，因此这样的插入操作可以保证操作后仍为二叉查找树。

下面用代码来实现将一个无重复无序数组通过逐个插入构建为二叉查找树，并且在其中进行搜索特定目标值（见代码 5-2）。

代码 5-2　二叉查找树的构建与查询

```
1.  # 建立树的节点的结构体，包含一个当前的值和左右子树（子树根节点的 Node）
2.  class Node:
3.      def __init__ (self, val=0, left=None, right=None) :
4.          self. val = val
5.          self. left = left
6.          self. right = right
7.
8.  # 定义一棵二叉查找树（BST）
9.  class BinarySearchTree:
10.     def __init__ (self, arr=None) :
11.         # 用列表初始化，方式为迭代插入树中
12.         self. root = None
13.         if arr is not None:
14.             for item in arr:
15.                 self. insert (item)
16.
17.     # BST 的插入操作，与二分搜索类似
18.     def insert (self, val) :
19.         if self. root is None:
20.             self. root = Node (val)
21.         cur_node = self. root
22.         while cur_node:
23.             if val < cur_node. val:
24.                 # 要插入的值小于当前值，需要往左子树插入
25.                 if not cur_node. left:
26.                     # 左子树为空，直接插入即可
```

```
27.                    cur_node. left = Node (val)
28.                    break
29.                else:
30.                    # 否则需要继续对左子树的根节点进行比较
31.                    cur_node = cur_node. left
32.            else:
33.                # 要插入的值大于当前值，右子树插入，方式与上面相同
34.                if not cur_node. right:
35.                    cur_node. right = Node (val)
36.                    break
37.                else:
38.                    cur_node = cur_node. right
39.
40.    def search (self, target) :
41.        cur_node = self. root
42.        # 实际上就是二分查找的过程，如果到了叶子还没有找到，
43.        # 说明 target 不在 BST 中，返回 None
44.        while cur_node:
45.            if cur_node. val == target:
46.                return cur_node
47.            elif cur_node. val < target:
48.                cur_node = cur_node. right
49.            elif cur_node. val > target:
50.                cur_node = cur_node. left
51.        return None
52.
53.
54. # 测试二叉查找树的插入与查找
55. arr = [6, 4, 8, 1, 5, 9]
56. targets = [8, 1, 0, 3]
57.
58. bst = BinarySearchTree (arr)
59. for target in targets:
60.    target_node = bst. search (target)
61.    if target_node is None:
62.        print (f"要找的值 {target} 不在当前 BST 中")
63.    else:
64.        print (f"找到了值 {target}，对应的 Node 为：{target_node} ")
65.
66. # 插入数值 3，并测试能否查到
67. bst. insert (3)
68. target_node = bst. search (3)
69. if target_node is None:
```

```
70.    print (f"要找的值 3 不在当前 BST 中")
71. else:
72.    print (f"找到了值 3, 对应的 Node 为: {target_node} ")
73.
```

输出结果如下:

```
找到了值 8, 对应的 Node 为: <__main__. Node object at 0x7ff2a8162910>
找到了值 1, 对应的 Node 为: <__main__.Node object at 0x7ff2a81627f0>
要找的值 0 不在当前 BST 中

要找的值 3 不在当前 BST 中
找到了值 3, 对应的 Node 为: <__main__. Node object at 0x7ff2a81626d0>
```

可以看出，当插入了数值 3 后，即可在 BST 中找到 val=3 的 Node。

5.3　二分查找思路的应用

二分查找不仅可以用在一个标准的有序数组查找数字的问题中，很多类似的问题也符合二分查找的应用场景，因为它们也满足根据当前判断即可排除一部分可能性，从而缩减问题规模的特点。下面简单介绍几种特殊的"二分查找"问题。

5.3.1　连续数组中的重复数字

首先，思考这样一个问题：已知有一个长度为 1 000 的数组，按顺序存放 1~999 这 999 个取值的数字，其中有一个数字重复了两次，其他数字都只出现一次。那么，如何去找，到底是哪个数字重复了呢（见图 5-6）？

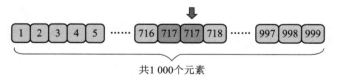

共1 000个元素

图 5-6　找到有序连续数组中重复的元素

我们来形象地分析这个问题，假设先将 1~999 这 999 个数字依次放入长度 1 000 的数组中，放完后最后一个位置是空的。此时，数组有一个特点，那就是每个非空的元素的取值都等于下标加 1。然后，将其中的一个数 X 复制一份，插入它自己的右侧，这样，X 后面所有的数字都被"挤"到原来所在位置的后一位。以第一个 X 为分界，它左侧的部分（包括它自己）仍然保持"取值=下标+1"的性质。而它右侧的部分，则由于右移了一位，导致下标增加了 1，于是都满足"取值=下标"。

简单来说，就是需要找到这两个部分的分界值。方法自然是前面讲到的二分法。首先，找到中点，中点的元素只有两种可能：要么满足"取值=下标+1"，要么满足"取值=下标"。如果满足的是前者，那就说明这个位置位于左侧的部分，需要向右寻找分界点；反之，需要向左寻找，如图 5-7 所示。

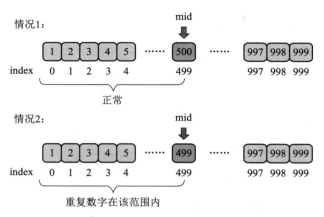

图 5-7　二分法查找重复元素的情况分类讨论

有了前面二分法查找有序数组的代码作为铺垫，可以很容易地写出这个问题的求解代码（见代码 5-3）。

代码 5-3　查找有序连续数组中的重复元素

```
1. def duplicate_search (arr) :
2.     left, right = 0, len (arr) - 1
3.     while left <= right:
4.         mid = (left + right) // 2
5.         if arr[mid] == mid:
6.             left = mid + 1
7.         elif arr[mid] < mid:
8.             right = mid - 1
9.     return arr[left]
10.
11.
12. arr = [0, 1, 2, 3, 3, 4, 5, 6, 7]
13. dup_val = duplicate_search (arr)
14. print (f"重复的数值为 {dup_val} ")
15.
```

输出结果如下：

重复的数值为 3

5.3.2　如何找到轻的铅球

假设我们有一堆铅球，其中有一个比其他的要轻（其他的重量都相等）。那么，应该如何快速找出那个质量轻的铅球呢？

答案仍然是二分法。首先，将铅球分成两份（如果是奇数，就会剩下一个），然后将它们放在天平上去称重。每次选择轻的那一堆（如果是奇数，可能会出现两份一样重的情况，那么轻的球就是剩下的那一个），依次进行下去，就可以找到目标球。如图 5-8 所示，这个方法所利用的也是二分法批量排除数据的优点。

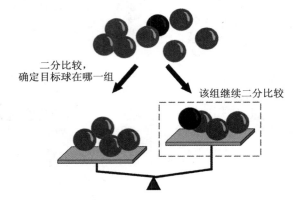

图 5-8　二分法找到质量轻的铅球

提到铅球的例子，有一个类似的段子是这样说的：小明抱着一堆书从阅览室出来，结果门口警报响了，当他准备将每本书逐个放在机器上测试时，图书管理员想到了二分法，于是就像分铅球的例子那样将书分成两摞，测试第一摞，发现警报响了，于是把这一摞继续分成两份……最终，机智的图书管理员以 $O(\log n)$ 的高效率找到了属于图书馆的那本书，而小明将剩下的 $n-1$ 本图书馆的书全部带回了家。

当然，这只是一个段子，但是可以通过它进一步理解二分法思想。二分法核心就在于通过逻辑关系进行批量排除。而这个例子中，我们由于不知道究竟有几本图书馆的书，因此，二分后的一摞图书让警报响，并不能排除另外一摞中有图书馆的书，因此也就不能直接排除另一摞书不去检测，来降低复杂度。但是，这个问题也可以用二分的思想解决，只不过二分后的两摞书都需要检测，而排除条件是其中一摞书不能让警报响，那么说明这一摞中不含有图书馆的书，可以放心地排除。

5.3.3　有序数组合并后的中位数

我们再来看一个稍微复杂一些的题目：假设有两个有序数组 A 和 B，如何能够高效地找出 A 和 B 合并后的有序数组中的中位数（见图 5-9）？

初看起来，这个问题似乎不难，一个普通的想法就是将两个数组进行合并，然后取合并后的中间元素即可。由于两个数组已经是排好序的，因此合并起来也较简单，只需用两个指针分别从两个数组第一个元素开始，通过比较所指向的元素，选择较小的放入合并后的数组中，并且将较小元素指针右移，继续上述步骤即可。这样下来的复杂度自然就在于遍历这两个数组的过程，如果两个数组长度记做 m 和 n，这个算法的时间复杂度就是 $O(m+n)$，显然还不够高效。

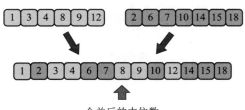

图 5-9　有序数组合并后的中位数问题

中位数，实际上就是指长度为 p 的数组中第 $(p+1)/2$ 个元素的值（p 为奇数的情况下），或者第 $p/2$ 个元素和第 $p/2+1$ 个元素的平均值（p 为偶数的情况下）。我们考虑这样一个问题：如何找到两个有序数组合并后的有序数组中的第 k 个元素？（这里约定在一个数组中如果有取值相同的两个元素，它们在合并后仍然保持二者之间的相对位置）可以发现，上面找中位数的问题就是 $k=(p+1)/2$（或者 $p/2$、$p/2+1$）情况下的特例。所以，下面我们直接考虑查找第 k 个元素的通用问题。

一个很自然的想法是这样的：如果对于一个有序数组想找到它的第 k 个的元素，那么可以直接用下标将第 k 个位置的元素取出来。而这里有两个数组，那么可以各取 $k/2$，看是否能有什么发现。

如图 5-10 所示，这里两个有序数组的长度 m 和 n 分别为 6 和 7，然后设定 $k=7$，即合并后的中位数。然后，对两个有序数组分别取出第 $k/2$ 个数（这里的/为整数除法，对于 k 为奇数的情况相当于向下取整），这两个数分别将两个数组划分成左右区域。比较这两个数的大小，只可能有两种情况：相等或者不相等。（由于问题的对称性，上面的数大还是下面的数大实际上是一回事，无非就是交换一下两个数组的位置）

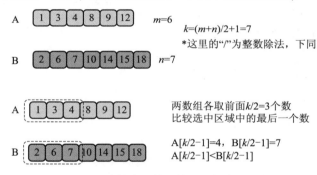

图 5-10　计算合并数组第 k 个元素的步骤

下面，我们分别来讨论这两种情况。

如果二者相等：$A[k/2-1]=B[k/2-1]$，表明在数组 A 中，有 $k/2-1$ 个数在 $A[k/2-1]$ 左侧，并且由于 $A[k/2-1]$ 和 $B[k/2-1]$ 相等，从而合并以后这 $k/2-1$ 个数也在 $B[k/2-1]$ 的左侧。同理，B 中也有 $k/2-1$ 个数字在 $B[k/2-1]$ 的左侧，于是合并后也在合并后的 $B[k/2-1]$ 的位置的左侧。如果将合并后的这两个相同的元素 $A[k/2-1]$ 和 $B[k/2-1]$ 中的 $A[k/2-1]$ 放在靠左侧，那么，$A[k/2-1]$ 的左侧的元素个数为 $p=(k/2-1)+(k/2-1)$，即 $=k-2$（k 为偶数）或者 $p=k-3$（k 为奇数，考虑"/"为整数除法）。

换句话说，排在 $A[k/2-1]$ 前面的最多只能有 $k-2$ 个数。而如果 $A[k/2-1]$ 想成为第 k 个数，那么必须左侧有 $k-1$ 个数字。由此可知，$A[k/2-1]$ 不可能是合并后的第 k 个数。由于 A 数组是有序的，因此，它左侧的所有元素更不可能有 $k-1$ 个数字排在它们前面，因此也都不可能是合并后的第 k 个数。这样，就可以将 $A[0]$ 到 $A[k/2-1]$ 的这 $k/2$ 个元素都排除了。问题被转化为 $A[k/2]$ 到 $A[m-1]$ 的这部分数组与数组 B 求解合并后的第 k' 个元素问题，其中 $k'=k-k/2$，求解方式相同。

如果二者不相等：以图 5-10 中的情况为例，即 $A[k/2-1]<B[k/2-1]$。在这种情况下，可以能得到什么结论呢？

我们来看图 5-11。由于 A[$k/2-1$] <
B[$k/2-1$]，那么合并以后，A[0] 到
A[$k/2-1$] 这 $k/2$ 个元素必然都排在
B[$k/2-1$] 的左侧。这 $k/2$ 个元素中有没
有可能存在合并后的第 k 个数呢？答案
是不可能。因为在 B[$k/2-1$] 左侧只有
$k/2-1$ 个数，这些数合并后也在
B[$k/2-1$] 的左侧。A[0] 到 A[$k/2-1$] 这
$k/2$ 个元素中的任意一个元素 X，左侧最
多只可能有来自 B 的 $k/2-1$（B[$k/2-1$]

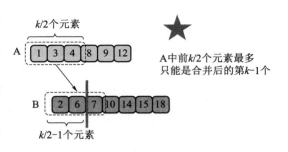

图 5-11　分界处的元素值不相等的情况

左侧的，假设都在 X 的左侧）加上来自 A 数组自己的 $k/2-1$，即最多 $k-2$ 个元素。（原数组
中 A[$k/2-1$] 右侧的元素，自然不可能在合并后来到 A[$k/2-1$] 的左侧；而原数组 B 中在
B[$k/2-1$] 右侧的，不可能合并后来到 B[$k/2-1$] 的左侧，而又 A[$k/2-1$] <B[$k/2-1$]，所以
可以推知更不可能在 A[$k/2-1$] 的左侧）

和上一种情况类似的，A[0] 到 A[$k/2-1$] 这 $k/2$ 个元素就可以都被排除了。和上面一
样，对于剩下的，利用同样的方法递归求解下去即可。后续过程如图 5-12 所示。

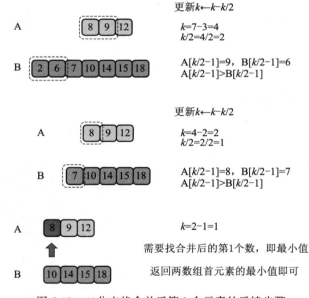

图 5-12　二分查找合并后第 k 个元素的后续步骤

下面用代码实现这一过程，见代码 5-4。

代码 5-4　有序数组合并后的中位数

```
1. def find_median_merge (arr1, arr2):
2.     #构造一个获取列表合并后第 k 项的函数，后续调用
3.     def get_kth_num (k, nums1, nums2):
```

```
4.        while True:
5.            #如果某个列表被全部排除了，那么返回另一列表的第 k 个数
6.            if len (nums1) == 0:
7.                return nums2[k - 1]
8.            if len (nums2) == 0:
9.                return nums1[k - 1]
10.            #如果 k 被降低到 1，则取两个列表的首元素较小值
11.            if k == 1:
12.                return min (nums1[0], nums2[0])
13.
14.            #各取一半，并防止下标溢出，溢出则全部取完
15.            p1 = min (k // 2 - 1, len (nums1) - 1)
16.            p2 = min (k // 2 - 1, len (nums2) - 1)
17.
18.            #按照上面讲过的逻辑，排除掉一部分数值
19.            if nums1[p1] <= nums2[p2]:
20.                k = k - p1 - 1
21.                nums1 = nums1[p1 + 1: ]
22.            else:
23.                k = k - p2 - 1
24.                nums2 = nums2[p2 + 1: ]
25.
26.    total_len = len (arr1) + len (arr2)
27.    #奇数和偶数的中位数分情况处理
28.    if total_len % 2 == 1:
29.        return get_kth_num ( (total_len + 1) // 2, arr1, arr2)
30.    else:
31.        return (get_kth_num (total_len // 2, arr1, arr2) \
32.                + get_kth_num (total_len // 2 + 1, arr1, arr2) ) / 2
33.
34.
35. arr1 = [1, 3, 4, 8, 9, 12]
36. arr2 = [2, 6, 7, 10, 14, 15, 18]
37.
38. median = find_median_merge (arr1, arr2)
39. print ("两数组分别为: ")
40. print (arr1)
41. print (arr2)
42. print (f"合并后的中位数为: {median} ")
```

输出结果如下：

```
两数组分别为：
[1,3,4,8,9,12]
[2,6,7,10,14,15,18]
合并后的中位数为：8
```

5.4　分治法的基本思想

通过上面的这些例子，想必大家已经了解了二分法的基本思路和应用的关键。其实，二分查找这个方法中蕴含着一个很重要的思想，那就是分治（divide and conquer）。

什么是分治法呢？顾名思义，分治的基本思想就是将一个原本困难的问题，分解成为易于处理的子问题的集合，然后分别对子问题进行处理，并最终将子问题的处理结果汇总，得到原问题的解。

举个最简单的例子：假设我们有一摞钞票，需要数出一共有多少钱，那么，一个人从头到尾数下去自然比较困难。这时，可以将这些钞票分成几份，每一份都分给一个人数，当所有人数完后，只需将每个人输出来的结果相加即可。通过这种方式，每个人处理的问题都是比较简单的。分治法就是类似这样的思路，通过分析问题的结构，化繁为简，递归求解。

分治法其实远不止是一种计算机领域的算法，它本质上是一种战略思想，或者至少说是一种处理问题的策略。从古罗马时代的恺撒入侵不列颠，到中国古代汉武帝推恩令削藩，以及近代的各种游击战争，都是采用了这种分化瓦解，分而治之的思想。

再回到前面介绍的二分查找的例子中，其实二分查找就是一种特殊的分治法，它将本来要比较 n 次的问题，通过从中间二分，形成了两个子问题，而这两个子问题中，只需一次和中点元素的比较，就可以略过其中一个子问题。如果一般地讨论的话，分治法划分得到的子问题都是需要处理的，而且，它们可以继续递归地划分下去，直到能够简单进行求解。分治法过程的逻辑如图 5-13 所示。

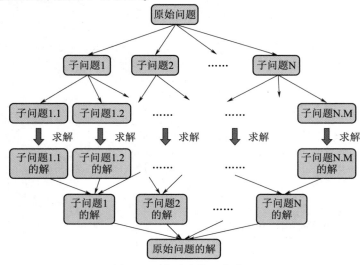

图 5-13　分治法的基本流程

那么，什么样的问题适合采用分治法求解呢？分治法的使用通常需要满足以下几个条件：

首先，这个问题被划分为更小规模后就会更容易解决。还是用前面数钱的例子，将钞票分给多个人后，每个人的工作量不大，可以较轻松地数出来。

其次，这个问题被划分之后，其形式还应该与原问题相同，只是规模变小。这个性质一般被称为具有最优子结构。稍微严谨一点来说就是：原问题的最优解包含子问题的最优解。另外，划分成的各个子问题的求解应该相互独立、相互之间不影响。比如，数钱的例子中，如果每个人最终得到的数字还和其他人的数字有关，那么就不能简单地分给每个人单独计算了。

最后，每个子问题的结果可以汇总，形成原问题的解。这体现的是分治法最后合并的步骤。

在实际应用中，遇到需要选择某种算法解决问题时，可以先对问题的特点进行考察。如果发现待求解的问题具有上述这些特性，那么就可以考虑通过分治的思想来设计算法，进而求解问题。

第6章 回溯法：八皇后问题

本章讲解八皇后问题。借助这个问题，来讲解回溯法的基本思路，以及该方法在八皇后问题的求解中的应用。

6.1 八皇后问题介绍

八皇后问题是一个古老又经典的问题。这里的皇后是指国际象棋中的棋子。该问题最早由一位国际象棋棋手马克斯·贝瑟尔于19世纪提出，简单表述如下：

在国际象棋的棋盘上，如何摆放8个皇后，使得它们之间可以相互不冲突（任何一个皇后都不能直接吃掉其他皇后）？

我们要理解这个问题，首先需要对国际象棋有一定的了解。国际象棋的棋盘如图6-1所示，总共有8行8列，黑白相间，棋子摆放在方格中。

在国际象棋中，有车（rook）、马（knight）、象（bishop）、王（king）、后（queen）、兵（pawn）六种棋子，每一种棋子都有自己的走法。由于其他棋子与我们的问题无关，暂不进行介绍，这里只简单介绍后的走法。

后又称为王后或者皇后，它是国际象棋中子力最强的棋子。因为皇后在不越过其他棋子的情况下，可以横走、纵走及斜线走，并且走的格数没有限制。如图6-2所示，对于中间的这个皇后来说，它所在的这一行，它所在的这一列，以及两个方向的斜线上的位置，都是这个皇后的势力范围。也就是说，只要这些位置有棋子，皇后就可以直接将它们吃掉。因此，对于其他棋子来说，这些位置就是它们的"禁区"。

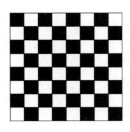

图6-1 国际象棋的棋盘

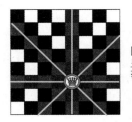

国际象棋中皇后的势力范围（禁区）

图6-2 皇后的势力范围

由于皇后的势力范围内的格子都可以被皇后直接吃掉，那么，八皇后问题也可以这样理解，那就是：如何摆放8个皇后棋子，使得每个棋子的势力范围（禁区）内都没有别的棋子。

这个条件看上去有些苛刻，因为皇后的势力范围还是很大的。要想摆上8个皇后又不相互干扰，那么必然每行只能有一个皇后，每列也只能有一个。除此以外，每个皇后的对

角线上都没有别的皇后。虽然这个限制比较
强，但是八皇后问题仍然是有一些可行解的。
下面给出其中一个可行的解，如图 6-3 所示。

图 6-3 所示的摆法是符合八皇后问题要
求的，可以看到，这 8 个皇后分处于不同行
和不同列，另外，读者也可以检查一下，每
个皇后的对角线方向上也都是没有其他棋
子的。

那么，如何才能得到这样一个可行的摆
放方法呢？我们先来自己动手试一试，如
图 6-4 所示。

八皇后问题的
一种可行解

图 6-3 八皇后问题的一个可行解

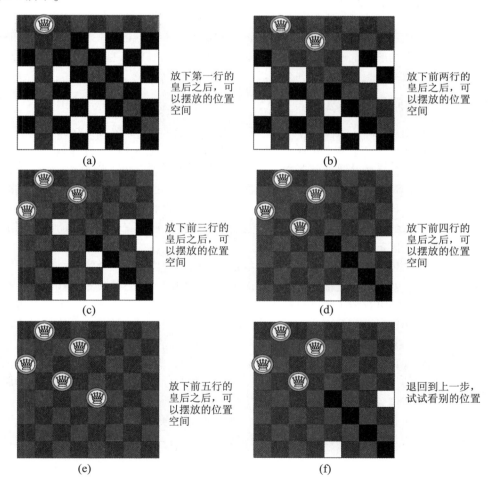

图 6-4 八皇后问题的求解过程

从这个试验求解的过程中，可以总结出一些规律和思路。下面，利用图 6-4 所示的尝
试求解的过程，来详细说明八皇后问题的求解思路。

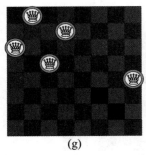

这样的摆放也不可行（因为最后一行已经不能摆放了）

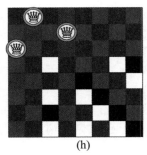

再退到上一步，断续试验……

(g)　　　　　　　　　　　　　　　(h)

图 6-4　八皇后问题的求解过程（续）

6.2　八皇后问题求解与回溯法

实际上，问题的求解思路实际上已经蕴含在前面的试验中。通过不断的尝试与回退，最终找到一个可行的解，这种方法称为回溯法。下面，详细解释八皇后问题的求解方法，并且对回溯法进行一个直观的说明和介绍。

6.2.1　八皇后问题的解法

由于前面提到过，8 个皇后必然一行一个，因此，从第一行开始，一行一行地试着摆放。第一行摆放的棋子可以随意选择一格，此时没有任何限制。从第二行开始，摆放棋子就有一定的限制了，也就是不能将新棋子摆放在已有棋子的禁区内。如图 6-5 所示，每摆放一个新的棋子，就标示出已经不能放旗子的位置。图 6-5 的试验过程中，第二行可以选择的位置有 5 个，我们暂且选择最左侧一个可行的位置，放下第二个棋子。

这时，第三行的可选位置只剩下 4 个，我们依然选择可行位置中最左侧的，放入第三个棋子，并更新禁区范围。

第四行棋子的可选位置变成了 3 个，选择最左侧的可行位置，摆放第四个棋子。

到了第五行，就不再和之前一样，因为对于这一行中两个可行的位置，如果摆放在左侧，那么棋盘上所有格都成了禁区，这也表明最多只能摆 5 个，下面的三行不能再摆棋子了。而如果不选择这一个位置（先回退到摆放了 4 个棋子的情景，再换一个第五行位置摆放棋子），那么，最后一行仍然是全部落在禁区内，也不符合要求。

至此，说明现在的情形已经进入了死胡同。换句话说，现在前四行的摆放方式是无法获得一个可行解的。因此，我们回退到上一步，看看第四行棋子如果不放在最左侧的那个位置，而是另一个位置，有没有可能带来一个可行解？于是，又是一轮新的试验……

如果第四行所有的可行位置都试验过了，仍然都没法得到一个可行解，那么只能说明前三行的摆放方式是错误的，因此，需要继续回退至第三行，改变第三行的摆放位置，继续试验……

依此类推，如果第三行所有可选的位置都试过一遍还是没有解，那么继续回退至第二行……

可以发现，在上面的过程中，我们不断进行试验和回退，这种方式叫作回溯法。如果把这个摆放过程用树的形式表示出来，可以得到图 6-5 所示的示意。

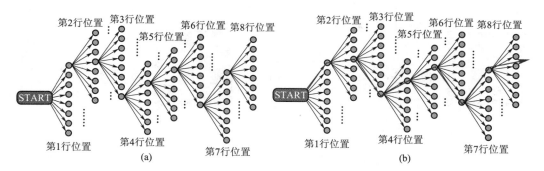

图 6-5　逐行摆放棋子的路径

由图 6-5 可以看到所有可能的摆放方式（不考虑冲突与否），每一步都有 8 种摆法，每种摆法后面都有很多种继续摆放的方式。从树根（START 位置）到达最终的叶子节点的一条路径，就代表一种棋盘上的摆法。如图 6-5（b）下面所示的路径，就表示图 6-6 所展示的棋盘情形。

以这种路径的视角看待八皇后问题，那么按照顺序摆放每颗棋子，都可以表示成选择了一个可能的节点，即在路径中增加了一步。而遇到不符合要求的情况回退的过程，则可以表示成更换

上面路径对应的摆放方式

图 6-6　上图路径所对应的一种棋子的摆法

现在选择的节点。当同一级的所有节点都不可行时，向上一步的回退就是对上一级更换所选择的节点。

下面以一个完整的回溯求解过程为例，说明八皇后问题中的路径选择和节点的更换过程是具体如何实现的。为了简单起见，将棋盘格改成了 4×4，皇后棋子也是 4 个，摆放要求和八皇后问题要求一致，具体如下。

摆放第一行，选择了第一个格子，路径图中标出第一层选择第一格，如图 6-7 所示。

摆放第二行，由于前两格都在第一行棋子的势力范围内，故不能选，路径图中以"X"标出，第二行从第三格开始试验，如图 6-8 所示。

图 6-7　摆放第一行

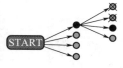

图 6-8　摆放第二行

摆放第三行，此时发现，一、三格为第一行棋子势力范围，二、三、四格为第二行棋子势力范围，因此，第三行无法摆放了，此时需要进行回溯，回到上一级（第二行），如

图 6-9 所示。

此时，我们发现第二行中前三个格子都不能摆放了，只能选择第四格，如图 6-10 所示。

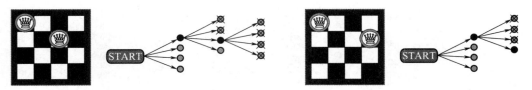

图 6-9 回到上一级　　　　　　　　　　图 6-10 选择第四格摆放

摆放第三行，此时，只有第二格允许摆放，我们将棋子摆放在第二格，如图 6-11 所示。

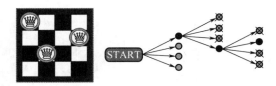

图 6-11 将棋子摆放在第二格

摆放第四行，这时，第四行都不能摆放了，因此还需要回溯。由于上一级（第三行）唯一的可行位置已经试验过不能摆放了，说明这条路走不通，仍需要继续向上回溯（第二行），而第二行也已经全部试验过了，都不能摆放，继续回溯到第一行，如图 6-12 所示。

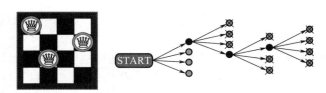

图 6-12 回溯到第一行

此时，对于第一行，把棋子摆放在第一格情况下所对应得到所有的路都走不通了，我们选择摆放在第二格进行试验，如图 6-13 所示。

摆放第二行，此时只有一个可行的位置，如图 6-14 所示。

图 6-13 选择摆放在第二格　　　　　　图 6-14 只有一个可行的位置

摆放第三行，仍然只有一个可行位置，如图 6-15 所示。

摆放第四行，此时发现，第四行也只有一个可行解（第三格）。将第四行的棋子摆在第三格上，我们就获得了一个简化版的"四皇后"问题的一个可行解。

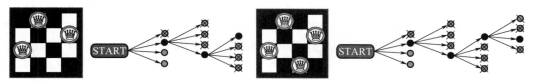

图 6-15 第三行仍然只有一个可行位置   图 6-16 第四行也只有一个可行位置

下面，尝试用代码实现在 $N×N$ 的棋盘上摆放 N 个皇后这个过程。

在代码实现之前，需要将棋盘格上摆放皇后的动作转化为可以形式化表达的数学语言。首先，将棋盘上的每个格子都用坐标表示，如图 6-17 所示。

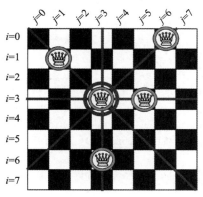

两个皇后棋子的坐标：

(i_1, j_1)
(i_2, j_2)

横向冲突：$i_1 = i_2$
纵向冲突：$j_1 = j_2$
右上斜线冲突：$i_1 + j_1 = i_2 + j_2$
左上斜线冲突：$i_1 - j_1 = i_2 - j_2$

图 6-17 各种冲突情况的数学表达方法

由图 6-17 可以看到，在棋盘上两个皇后的冲突可以用坐标进行判断，如横向冲突，即将两个皇后摆放在同一行，可以用横坐标是否相等来判断，纵向冲突同理。而两种斜线上的冲突，可以通过横纵坐标之和是否相等，以及横纵坐标之差是否相等进行判断。有了以上的分析，我们就可以对棋盘上的任意两个皇后棋子是否冲突进行判断了。

接下来，我们考虑如何用一种简单的方式表示一种特定的摆法。正如前面的分析，对于 $N×N$ 的棋盘上摆放 N 个皇后，必然是每行有且仅有一个，因此，只需逐行考察棋子可以摆放的方式即可。这样一来，我们只采用一维数组就可以将坐标表示出来，其中，数组中每个元素的下标表示第几行，元素的值表示第几列。比如，对于八皇后问题，一个数组：[1, 3, 5, 7, 2, 0, 6, 4]表示第一行棋子摆放在 $j=1$ 的列，即第 2 列，第二行摆放在 $j=3$ 的列，即第 4 列，依此类推。

解决了上面的问题，我们再看回溯法求解的实现过程。对于求解函数，我们将代表当前已经摆好的棋子的位置数组传入函数，如[1, 3]，表示现在已经在第一行和第二行摆好了，分别摆在（0, 1）和（2, 3）两个位置。拿到当前数组后，首先判断是否已经全部摆完了，即是否数组长度已达到 N。如果已经摆放完成，就需要将这个摆放方式放入最终的可行解集中，如果没有全部摆放完成，则需要继续考察下一行中的每个可能的位置。

如果某个位置与当前结果没有冲突，则将这个位置加入现有的位置数组，得到更新后的结果，如[1, 3, 5]。然后，将更新后的结果传入求解函数，继续求解（注意，这里是通过递归实现的）；如果新位置与当前冲突，则不进行操作，从而这一条路径自然不会达到长度为 N，因此也不会被加入可行解集中。

具体代码实现如代码 6-1 所示。这里将求解过程封装一个类，通过实例化并调用类的成员函数来实现求解。

代码 6-1　N 皇后问题求解方法

```
1.  # 将求解 N 皇后问题的模块封装成一个类 class
2.  class N_Queens_Problem () :
3.      def __init__ (self, n) :
4.          # 类的初始化函数，参数 n 为皇后的个数（也是棋盘尺寸）
5.          # res 是最后返回的可行解 list，其中每个元素都是一个 list，表示一种摆放方法
6.          self. n = n
7.          self. res = []
8.
9.      def is_allowed (self, cur_board, new_j) :
10.         # 判断在已经摆放好当前的棋子的情况下，下一行的某位置能否摆放
11.         # cur_board 是一个 list，如[0, 3]，表示现有的棋子坐标为 (0, 0) 和 (1, 3)
12.         # new_j 是下一行的位置，比如 3，表示下一个棋子摆放在 (2, 3) 的位置
13.         # 返回值为 True 或 False，表示摆放是否允许，如上面的例子，返回 False
14.         if cur_board == []:
15.             return True
16.         new_i = len (cur_board)
17.         for i, j in enumerate (cur_board) :
18.             if j == new_j:
19.                 return False
20.             if i + j == new_i + new_j:
21.                 return False
22.             if i - j == new_i - new_j:
23.                 return False
24.         return True
25.
26.     def solver (self, n, cur_board) :
27.         # 递归回溯解决 N 皇后问题，并返回可行解
28.         # 输入 n 为皇后数目，cur_board 为当前已有的摆放方式 list
29.         # 和上面 is_allowed 函数方法中的 cur_board 形式相同
30.         # 如果 cur_board 长度为 n，说明已经摆放完所有的且没有冲突
31.         # 将这种摆法加入最终所有可行解的 list，即 self. res 中，并返回
32.         if len (cur_board) == n:
33.             self. res. append (cur_board)
34.             return
```

```
35.          for j in range (n) :
36.              # 对下一行中的每一个位置，都进行试探，看看是否可行
37.              if self. is_allowed (cur_board, j) :
38.                  # 如果可行，则继续进行下一行的试探
39.                  # 注意到此时已有的摆放方式 cur_board 要加上新的可行棋子 j
40.                  self. solver (n, cur_board + [j])
41.
42.      def print_board (self, board_list) :
43.          # 用 O 表示没有棋子，X 表示摆放棋子，画出棋盘图
44.          # 参数 board_list 长度为 n，形式含义与上面的 cur_board 相同
45.          n = len (board_list)
46.          for j in board_list:
47.              print ('O '* j + 'X' + 'O '* (n-j-1) )
48.          return
49.
50.      def n_queens (self, n_show) :
51.          # 调用该函数方法可以求解出 n 皇后问题，并选择 n_show 种方案进行打印
52.          # 如果可行解总数不足 n_show 个，则全部打印出来
53.          self. solver (self. n, [])
54.          print('\n{}皇后问题总共有{}种可行解'.format(self.n, len(self.res)))
55.          for i in range(min(n_show, len(self.res))):
56.              print ('\n第 {} 种可行解'. format (i + 1) )
57.              print ('-'* self. n)
58.              self. print_board (self. res[i])
59.
60. # 生成一个 N_Queens_Problem 类的实例，
61. # 并调用 n_queens 函数方法，求解八皇后问题，并打印前 5 种可行解
62. Eight_Queen_Problem = N_Queens_Problem (8)
63. Eight_Queen_Problem. n_queens (5)
```

运行结果如下：

```
八皇后问题总共有 92 种可行解

第 1 种可行解
--------
X O O O O O O O
O O O O X O O O
O O O O O O O X
O O O O O X O O
O O X O O O O O
O O O O O O X O
O X O O O O O O
O O O X O O O O
```

第 2 种可行解

X O O O O O O O
O O O O O X O O
O O O O O O O X
O O X O O O O O
O O O O O O X O
O O O X O O O O
O X O O O O O O
O O O O X O O O

第 3 种可行解

X O O O O O O O
O O O O O X O O
O O O X O O O O
O O O O O X O O
O O O O O O O X
O X O O O O O O
O O O O X O O O
O O X O O O O O

第 4 种可行解

X O O O O O O O
O O O O O O X O
O O O O X O O O
O O O O O O O X
O X O O O O O O
O O O X O O O O
O O O O O X O O
O O X O O O O O

第 5 种可行解

O X O O O O O O
O O O X O O O O
O O O O O X O O
O O O O O O O X
O O X O O O O O
X O O O O O O O
O O O O O O X O
O O O O X O O O

6.2.2　回溯法的基本思想

回溯法实际上是一种通用的算法策略，在很多场景和问题中都有应用。其本质是在一定的限制条件下对所有可能情况的一种带有试错（trial and error）性质的枚举（暴力搜索）。在枚举的过程中，如果当前状态下不存在可行解，则回退到上一步，考察其他状态的情况。

我们举一个形象的例子，利用回溯法求解问题的过程就如同老鼠走迷宫，如图 6-18 所示。首先，老鼠从入口沿着小路开始走，直到遇到岔路口 A，此时，老鼠可以选择直走或右转中的任意选择一种方式，假如此时右转了，那么会进入死胡同，不能再继续前进，此时需要回退到 A 点，尝试另一种方式，即直走，然后一直这样继续下去，直到走到出口。

当然，上面这种只能找到一条可行的路径。而我们看图 6-18 中，实际上有多条路径可以到达终点，如在 B点无论直走还是右转都能通往出口。如果想要找到所有可行解，就像在代码 6-1 中实现的那样，则需要让老鼠在找到一条可行的路径后，再返回上一个岔路，试探其他走法能不能到达，如不能再继续返回上一个岔路，依此类推。最后，将所有能到达出口的路径都记录下来，就得到了所有可行解的集合。

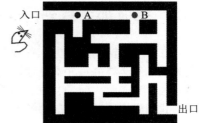

图 6-18　老鼠走迷宫

回溯法在很多问题中都有应用，这类问题有一个共同的特征，那就是：如果用树结构中每个节点代表一种状态，那么求解这些问题的过程可以看作是在一棵树中寻找一个符合某种要求的状态所在的节点，如在八皇后问题中，要求就是指皇后总共有 8 个且相互之间不冲突。回溯法就是对这棵树进行深度优先搜索（DFS）。对于每个节点，如果该节点本身就是一个可行解，那么将这个节点表示的状态输出；如果该节点代表的状态下可能有可行解，那么继续进行搜索；如果该节点状态下不存在可行解，那么就直接将以此节点为根的子树全部跳过，不再搜索。因此，回溯法通过提前剪枝操作，实际上只遍历了所有解空间中的一部分，从而避免了许多绝对不可能有可行解的状态的无意义的遍历操作。

第 7 章　动态规划：自底向上的最优化

本章讲解动态规划（dynamic programming，DP）。动态规划是算法知识体系中一个非常重要并且应用广泛的部分。其原理和方法很容易理解，但是在每个具体的场景下正确合理地应用动态规划来解决问题却还是有一定难度的。因此，本章在介绍完动态规划的基本思路以后，将会列举一些常见的问题，来帮助大家体会求解动态规划类问题的技巧。

7.1　斐波那契数列问题再探

在学习算法的过程中，有一点需要注意，那就是：比起算法具体的逻辑和实现细节，更为基础和必要的一件事是理解为什么会产生这样一种算法，什么样的场景使我们需要这样一种算法来解决问题，也就是算法思想的目的和动因。因此，在具体讲解动态规划之前，我们先来回顾在之前讲解过的计算斐波那契数列的问题。

在求解斐波那契数列第 n 项的问题中，介绍了一种递归求解的方法。这种方法理解起来比较直观，代码也很简洁。它通过让函数自动地不断重复自我调用，直到边界值，然后逐次返回，得到目标解。但是，这种理解上的简洁可能会带来计算上的冗余，比如求解斐波那契数列的过程中，如果需要计算的是 $f(n)$，那么我们需要 $f(n-1)$ 和 $f(n-2)$。而在计算 $f(n-1)$ 的过程中，又要 $f(n-2)$ 和 $f(n-3)$……这个过程中的各个函数值之间的计算结果是有联系的，如图 7-1 所示。

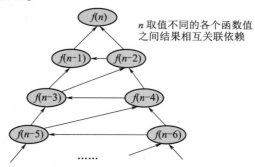

图 7-1　斐波那契数列递归求解中各项之间的依赖关系

但是，在实际的调用计算过程中。那些需要被重复使用到的函数值并未被有效地利用，由于各个值的计算是独立的，大量的值被多次计算，如图 7-2 所示。

那么，有没有一种方式可以避免这种低效的重复计算呢？一种最容易想到的方案就是：在递归过程中，对于得到的各个中间结果，在一个缓存数组中暂存，每次计算时先查数组，如果已经被计算并保存过了，那么可以直接调用；如果没有计算过，再进行计算。这样，每个中间结果只需被计算一次，其他时候都是通过查表直接得到结果，从而减少了重复计算。

这种思路可以进一步推演下去：既然递归求解的过程是"自顶向下"，直至遇到一个直接给定的边界值，然后再逐步返回。如果这样，那么是否可以直接"自底向上"，从边界值出发，逐步计算中间值，直至达到我们所需的目标。

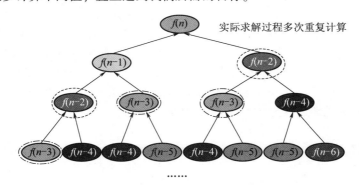

图 7-2　递归的过程可能产生大量的重复计算

其实，这个思路就是动态规划的初衷。动态规划，就是减少子问题求解中的重复和冗余，从而先行开辟一个数组（后面简称为 DP 数组），从可以直接获得答案的基础情况开始，自底向上，逐步计算求解各子问题，填充 DP 数组。全部计算完成后，按照原问题和子问题的逻辑，从所有已经计算出的子问题的结果，即 DP 数组中即可直接或间接得到原问题的结果。

下面，就用动态规划的方法来改造之前通过递归实现的斐波那契数列的计算，首先，给定 DP 数组的定义，这里的 DP 数组定义非常简单，DP[i] 就是斐波那契数列第 i 项的值。然后确定边界值，即基础情况。根据递推关系，依次计算下一个值，如图 7-3 所示。

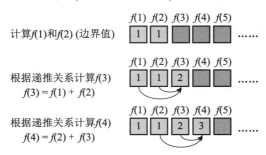

图 7-3　动态规划求解斐波那契数列问题

到这里我们可以总结一下：动态规划，本质上是一种空间换时间的策略，通过预先设置中间变量的存储，减少重复计算，降低时间复杂度。应用动态规划求解问题，在思路上和递归比较类似，二者都是从上到下的思考递推关系。即：如果要求解当前问题，需要哪些子问题已知才行？如果这些子问题已知，那么如何得到当前问题的答案？然而，通过这种方法得到递推关系后，递归的方案在实现过程中直接写成自我调用的形式，而动态规划则需要定义一个 DP 数组，自下向上以此计算，并根据计算好的 DP 数组得出原问题的答案。

7.2 动态规划适用的问题类型

我们已经了解动态规划应该如何操作了，但是，哪些情况下可以并且适合应用动态规划求解呢？需要动态规划求解的问题应满足以下几个条件：

首先是最优子结构（optimal substructure）。最优子结构的含义是：原问题的最优解中包含子问题的最优解。也就是说，当我们为了求解原问题而不得不逐个求解子问题时，如果要求得到原问题的最优解，那么这个过程中一定会把各个子问题的最优解"顺带"求解出来。换个说法就是：将子问题的最优解依次求出，最终就可以得到原问题的最优解，因为这些子问题最优解是被包含在原问题最优解之内的。

其次是无后效性。无后效性是指，当前状态确定后，之后的状态转移只与当前状态有关，和之前的状态无关。比如，在斐波那契数列的例子中，计算第 n 项 $f(n)$ 时，需要用到 $f(n-1)$ 和 $f(n-2)$ 的值，至于 $f(n-1)$ 和 $f(n-2)$ 是如何求解出来的，我们并不关心，因为它对于计算 $f(n)$ 的值没有影响。这就是"无后效性"。

另外，一个比较关键的性质就是子问题重叠。子问题重叠并不是可以用动态规划求解的必要条件，然而，对于子问题高度重叠的问题，由于动态规划可以避免重复计算，因此它的优势才能体现出来。

面对一个问题，如果发现它满足上述条件，需要用动态规划来求解，那么我们要如何去做呢？在求解动态规划问题中，最核心的问题就是如何定义动态规划 DP 数组，以及如何找到状态转移方程［也就是数组中元素之间的递推关系，如 $f(n)=f(n-1)+f(n-2)$ ］。DP 数组是整个计算过程的基础，只有 DP 数组定义的合理，才可以找到符合要求的状态转移方程。除此之外，定边界值也是需要注意的一点，因为边界往往涉及空集、空字符串之类，清楚理解了 DP 数组定义才可以避免出错。

7.3 动态规划问题举例

上面介绍的内容相对比较抽象，接下来，我们用几个实际的动态规划的经典案例来说明如何通过动态规划求解问题。

7.3.1 最长递增子序列问题

第一个任务是最长递增子序列问题（longest increasing sequence，LIS），也就是找到一个数组中的所有递增子序列中的长度。这里需要注意的是"子序列"这个定义。它是指所有元素都来自原数组，并且保持在原数组中的相对位置关系（前后关系），但是不必在原数组中连续，如图 7-4 所示。各元素依次递增的子序列［1，2，4，5，6］就是原序列［1，5，2，4，7，5，6，3］中的最长递增子序列。

如果给定一个数组 arr，那么应该如何找到它的最长递增子序列呢？最暴力的方法就是遍历所有

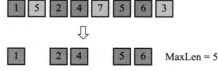

图 7-4 最长递增子序列问题

的子序列，找到满足条件（递增）的，然后比较长度，找到最大值。显然，要找出一个数列的所有子序列，这是一个指数级复杂度的操作，实际中肯定不会这样做。这个问题可以用动态规划来求解。既然用动态规划，那么最先要思考的就是应该如何定义 DP 数组。首先分析一下，最长递增子序列这个任务的关键是什么？这个任务的关键是：如何在求解过程中能够让当前的子序列保持"递增"这个性质。由于我们需要找到一种递推关系，也就是如果前面有已知最长递增子序列长度的数组，在后面添加某个元素拼接成新的数组后，可以用某种方式利用前面的结论，得到新数组的最长递增子序列长度。在这种情况下，需要特别关注的是上一个子序列末尾的那个值是否小于后面加上的元素，如果小于，那么增加一个元素仍然能够保持递增的性质，反之则不能。

基于以上这个思路，既然只需通过末尾的数字就可以去找递推关系，那么，DP 数组就可以这样定义：$DP[i]$ 表示以 $arr[i]$ 为结尾的最长递增子序列的长度。基于这个定义，我们的目标就是在所有可能的子序列结尾中找到最大值，即 $\max(DP[i])$ 即可。这里要多说一点，其实对于数组问题拆分子问题，最容易想到的可能是这样的定义：$DP[i]$ 定义为 $arr[0\cdots i]$（包括 0 和 i 处的值，后同）中的最长递增子序列长度。但这种定义有一个很大的问题，那就是无法进行递推，因为 $arr[0\cdots i]$ 中的最长递增子序列在后面增加元素 $arr[i+1]$ 之后能否进行合并，需要看这个最长递增子序列的末尾，而这个末尾可能是 $arr[0]\sim arr[i]$ 中的任何一个，无法直接用已求得的 DP 数组中的值进行计算）

有了这个定义，下一步就是找状态转移方程了。假设我们从前到后计算，将 $DP[0]$ 到 $DP[i]$ 计算出来了，那么如何由此得到 $DP[i+1]$？这里，对于 $0\leqslant k\leqslant i$，$DP[k]$ 表示以 $arr[k]$ 结尾的最长递增子序列长度，那么，对于以第 $arr[i+1]$ 结尾的递增子序列来说，它只有以下两种可能：一种是与前面的某个递增子序列结合，将 $arr[i+1]$ 接在最后，构成新的递增子序列；另一种则是不与前面结合，自己作为单个元素的子序列。对前一种情况来说，由于我们只需要最长递增子序列，所以和前面已经最长的子序列结合即可。而以每个 $arr[k]$ 结尾的最长递增子序列长度已经被计算出来，可以用来直接计算。这里还要注意一个问题，由于要求了子序列递增，所以，只有末尾元素 $arr[k]$ 小于 $arr[i+1]$ 的那些递增子序列才能与 $arr[i+1]$ 结合，因此这种情况下，递推关系如下：

$$DP[i+1] = \max_{\substack{0\leqslant k\leqslant i \\ arr[k]<arr[i+1]}} \{DP[k]\} + 1$$

即在所有满足条件的 k 中，找到以此为末尾最长的子序列，再将 $arr[i+1]$ 结合到后面。这是针对上面所说的前一种情况。而对于后一种情况，也就是 $arr[i+1]$ 自己作为单个元素的最长递增子序列，这种情况会出现在上面公式中 $arr[i]<arr[i+1]$ 对于所有 $0\leqslant k\leqslant i$ 都不成立时。此时，如果以 $arr[i+1]$ 为末尾，由于前面的数都不比它小，因此无法和它结合成递增子序列，所以只能自己作为单元素的序列，此时 $DP[i+1]$ 自然就是 1。仿照上面的公式，可以写出此时的递推关系。

$$DP[i+1]=1,如果 \forall 0\leqslant k\leqslant i,\quad arr[k]\geqslant arr[i+1]$$

至此，我们就完成了 DP 数组的定义与递推计算方式的设计。下面一步就是找到边界值（基础情况）。对于 $DP[0]$，由于只有一个元素，所以 $DP[0]=1$。设定好边界值后，即可按照顺序进行计算。计算过程如图 7-5 所示。

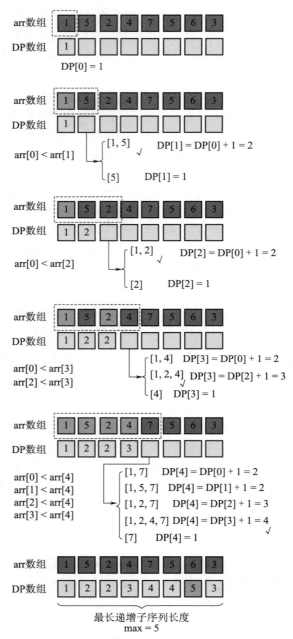

图 7-5　动态规划求解最长递增子序列问题

　　基于动态规划的这种解法，需要在遍历数组的每个位置时，都要将当前的数组元素和前面的所有元素进行比较，所以整个过程的时间复杂度是 $O(n^2)$。相对于穷举所有子序列的方法，明显提高了效率。另外可以看出，如果用递归的方法，求 $f(i+1)$ 时需要对所有前面的满足条件的 k 的 $f(k)$ 进行调用，所有的这些满足条件的 $f(k)$ 又需要各自单独调用并计算前面的函数值，从而造成大量重复计算。而动态规划对于各个子问题只计算一次，避免了计算冗余。

按照上面的思路，见代码 7-1。

代码 7-1　动态规划求解最长递增子序列长度

```
1. def max_length_lis(nums):
2.     # 初始化为1, 默认最长递增子序列长度为自身
3.     dp =[1]* len(nums)
4.     for idx in range(1, len(nums)):
5.         maxi = float("-inf")
6.         concat_flag = False
7.         # 找到前面的所有小于当前元素的值, 以及以它们为结尾的 LIS 长度
8.         # 并求出它们中的最大值
9.         for i in range (idx):
10.            if nums[i]< nums[idx]:
11.                maxi = max(maxi, dp[i])
12.                concat_flag = True
13.        # 如果有小于当前值的, 可以与前面的连接上, 否则置1(保持默认)
14.        if concat_flag:
15.            dp[idx]= maxi + 1
16.    return max(dp)
17.
18. arr =[1, 5, 2, 4, 7, 5, 6, 3]
19. ret = max_length_lis(arr)
20. print ("最长递增子序列的长度为: ", ret)
```

输出结果如下：

```
最长递增子序列的长度为:   5
```

这里只关注最长递增子序列的长度。如果想要将这个子序列找出来，那么只需在状态转移时记录下每次从哪个位置转移的即可。修改上述代码，即可实现返回最长递增子序列的功能（见代码 7-2）。

代码 7-2　动态规划求解最长递增子序列

```
1. def max_length_lis_withseq (nums) :
2.     # 初始化为1, 默认最长递增子序列长度为自身
3.     dp =[1]* len (nums)
4.     seq_ls =[[nums[i]]for i in range(len(nums)) ]
5.     for idx in range (1, len (nums) ) :
6.         maxi = float ("-inf")
7.         cur_seq =[]
8.         concat_flag = False
9.         # 找到前面的所有小于当前元素的值, 以及以它们为结尾的 LIS 长度
10.        # 并求出它们中的最大值, 并保存对应的子序列
11.        for i in range(idx):
```

```
12.          if nums[i]< nums[idx]:
13.              maxi = max (maxi, dp[i])
14.              cur_seq = seq_ls[i]
15.              concat_flag = True
16.       #如果有小于当前值的，可以与前面的连接上，否则置1（保持默认）
17.       if concat_flag:
18.           dp[idx]= maxi + 1
19.           seq_ls[idx]= cur_seq +[nums[idx]]
20.
21.    #记录长度最大的子序列末尾的下标
22.    max_id = 0
23.    for i in range(len(nums)):
24.        if dp[i]> dp[max_id]:
25.            max_id = i
26.    #取出对应的最长递增子序列
27.    max_seq_ls = seq_ls[max_id]
28.    return max_seq_ls
29.
30. arr =[1, 5, 2, 4, 7, 5, 6, 3]
31. # arr =[2, 1, 5, 6]
32. ret = max_length_lis_withseq(arr)
33. print("最长递增子序列为：", ret)
34.
```

输出结果如下：

```
最长递增子序列为： [1, 2, 4, 5, 6]
```

注意：如果有多个递增子序列长度相同且都为最长，那么这段代码将只会返回一个。如果想要全部返回，需要 DP 矩阵处理转移时取等号的逻辑。读者可以自行思考修改。

7.3.2 最大连续子序列和

通过上面的这个例子，对于动态规划求解问题应该有一定的体会了。下面再来看一个有些类似的问题，即数组的最大连续子序列和。注意，这里要求了连续性。这个任务是找到数组中所有连续子序列中和最大的那个，如图 7-6 所示。

图 7-6　最大连续子序列和示例

按照定义，这个问题如果暴力求解，则需要列举所有的连续子序列，然后分别计算元素的和，找到最大的那个。我们可以将要找的子序列的首元素在原数组中进行遍历，然后在每次遍历中首元素固定的情况下，对尾元素在首元素到原数组末尾这段区间进行遍历，可以看出，这种二重遍历的复杂度是 $O(n^2)$ 的。这时我们需要考虑利用动态规划降低它的复杂度。

和上面的最长递增子序列类似，首先要确定 DP 数组的定义，以及对应的状态转移方程。在这个问题中，由于要求子序列连续，那么，如果从 DP 数组中上一个结果加入一个新元素，从而递推到下一个结果，则必须要求上一个结果能够和新元素结合起来，即上一个结果所对应的子序列的末尾必然和新元素相邻。为了保证这种相邻，仍然需要将 DP 数组定义为：DP[i]表示以 arr[i]为末尾的所有连续子序列中最大的那个和。

基于这个 DP 数组，即可推导状态转移方程。如果已知 DP[i]，也就是以 arr[i]这个元素结尾的所有连续子序列中的最大和，那么，如何计算 DP[$i+1$]，即以 arr[$i+1$]为结尾的连续子序列中的最大和。可以这样考虑：要求解以 arr[$i+1$]为结尾的最大连续子序列和，只需将所有以 arr[$i+1$]结尾的连续子序列的情况穷举出来，保留最大即可。当然，这里的穷举不是实际地去遍历，而是将所有情况列出来，供我们分析其中的规律。

以 arr[$i+1$]结尾的连续子序列，它的头部可能是 arr[$i+1$]，也就是单个元素的子序列，也可能是 arr[k]，其中 $0 \leqslant k \leqslant i$。

如果是单个元素的子序列，那么最大和自然就是它自己，即 arr[$i+1$]。

如果是 arr[k]为开头，那么这个序列的和可以由两个部分相加得到：从 arr[k]到 arr[i]的和，以及 arr[$i+1$]的值。而由于 arr[$i+1$]的值是固定的，因此，这个以 arr[$i+1$]为结尾的连续子序列的和的最大值，就应该是"从 arr[k]到 arr[i]的和"中最大的那个，再加上 arr[$i+1$]的值。从 arr[k]到 arr[i]的和就是 DP[i]，因此这种情况下，以 arr[$i+1$]为结尾的最大连续子序列和就是 DP[i]+arr[$i+1$]。

以上两种情况已然穷尽了以 arr[$i+1$]结尾的所有连续子序列，因此，DP[$i+1$]只需取二者中的最大值即可。状态转移方程如下：

$$DP[i+1] = \max\{DP[i]+arr[i+1], \; arr[i+1]\}$$

我们发现，max 函数中的两个变量都含有 arr[$i+1$]，将它提到 max 函数的外面，这个状态转移方程的含义就很明显了：首先，看看以 arr[i]结尾的最大连续子序列和是不是大于 0，只有前面的大于 0，将 arr[$i+1$]和前面的部分进行拼接才能让和更大。反之，如果以 arr[i]结尾的连续子序列中和最大的还未超过 0，那么，和前面拼接只会使序列和变得还不如 arr[$i+1$]自己独成一个序列更大。此时，我们自然就要丢掉前面的，只保留 arr[$i+1$]。这就是我们推导出来的状态转移方程的直观理解。

下一步就是找边界值，然后对 DP 数组进行填充。边界值 DP[0]按照定义应该是以 arr[0]结尾的最大子序列和，那么自然就是 arr[0]本身。然后，按照状态转移方程依次对 DP 数组进行填充。当 DP 数组都填充完毕后，取其最大值就是原 arr 数组的最大连续子序列和。这个过程如图 7-7 所示。

同样地，也可以通过记录每次计算 DP[$i+1$]时是否丢掉了前面的 DP[i]，来获得这个

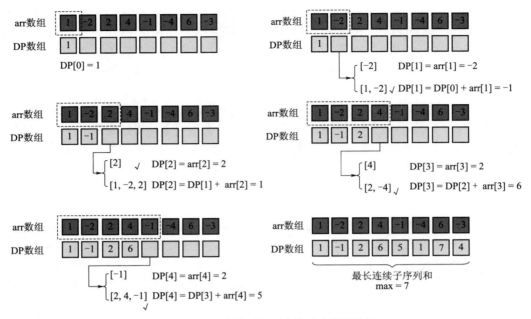

图 7-7　最大连续子序列和的动态规划求解

和最大的连续子序列。上述过程见代码 7-3。

代码7-3　动态规划求解最大连续子序列和

```
1.  def max_subsum(nums) → int:
2.      # 建立 DP 数组
3.      dp = [0]* len(nums)
4.      for idx in range(len(nums)):
5.          # 初始化
6.          if idx == 0:
7.              dp[idx]= nums[idx]
8.          else:
9.              # 如果保留前面大于 0，保留，否则丢弃
10.             dp[idx]= max (dp[idx - 1]+ nums[idx], nums[idx])
11.     # DP 数组表示的是以 i 为末尾的子序列的最大值，覆盖了所有可能情况
12.     # 全局最大值是它们中的最大值
13.     return max (dp)
14.
15. arr =[1, -2, 2, 4, -1, -4, 6, -3]
16. ret = max_subsum (arr)
17. print ("最大连续子序列和为：", ret)
18.
```

输出结果如下：

最大连续子序列和为：7

最后来看一下动态规划方法的复杂度。由于只需遍历填充长度和原数组 arr 相同的 DP 数组，每次计算 DP[i+1]时只需前面 DP[i]和 arr[i]（常数时间），因此整个过程时间复杂度被降低到 $O(n)$ 的级别。当然，时间复杂度的降低也牺牲了一部分空间复杂度。对于暴力穷举，只需一个记录当前最大值的变量即可，空间复杂度 $O(1)$，而动态规划引入了 DP 数组，空间复杂度增加到 $O(n)$。因此，动态规划实际上是一种空间换时间的策略。

7.3.3　二维 DP 矩阵求解最小编辑距离

以上两个例子中，所要解决的都是单个一维数组中的问题，所用到的 DP 数组也都是一维数组。然而，在有些问题中，一维数组已经不能满足要求，需要定义二维 DP 数组，或者叫作 DP 矩阵，对问题进行求解。这类问题一般涉及两个数组，或者两个字符串（字符串本身也可视为字符的数组）之间的一些问题。我们来看这样一个例子：计算两个字符串之间的编辑距离（edit distance，又称 levenshtein 距离）。

首先，我们来定义什么是编辑距离。如果有两个字符串，str1 和 str2，其中的字符不同，那么，要想将 str1 变成 str2，自然需要进行一些编辑操作，如删除掉一些字符、增加一些字符，或者替换一些字符，如图 7-8 所示。

编辑距离中的操作
插入
删除
替换
“word”
“too”
“fresh”
1
“world”
“to”
“flesh”

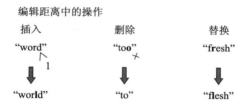

图 7-8　编辑距离定义中的三种编辑操作

通过以上三种操作，我们就能构造出一个从 str1 到 str2 的转换过程。实际上，从 str1 到 str2 可以有不同的操作过程都能实现。这里需要的是，在所有可以实现将 str1 变为 str2 的操作过程中，操作数最少的那一个，这个最小的操作数就是编辑距离（距离最本来的意思就是两点间最短的路程长度）。一个用最小操作数完成字符串之间转换的示例如图 7-9 所示。

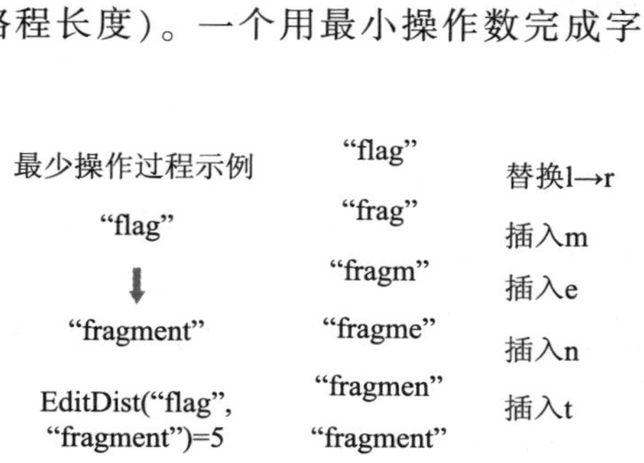
最少操作过程示例
“flag”
“fragment”
EditDist(“flag”, “fragment”)=5
“flag”
“frag”
“fragm”
“fragme”
“fragmen”
“fragment”
替换l→r
插入m
插入e
插入n
插入t

图 7-9　编辑距离对应的最少步骤编辑过程

编辑距离在生活中也有广泛的应用。比如，当你在文档中敲英文单词时，如果有拼写错误，那么软件就会提示你可能想要输入的正确的单词。编辑距离越短，可能性就越大；再如，DNA 测序分析中，由于 DNA 变异过程中可能会存在碱基替换、缺失，或者插入一段 DNA 等情况，编辑距离也是一个分析两段 DNA 相似性或者同源性的很好的度量工具。

下面，讲解如何通过动态规划来求解两个给定的字符串之间的编辑距离。首先，我们来定义 DP 矩阵。记两个字符串分别为 str1 和 str2，其长度分别为 M 和 N，我们的目标是将 str1 编辑成为 str2（从 str2 到 str1 编辑距离相同）。那么，DP 矩阵的行和列的取值应该分别与 str1 和 str2 的元素下标对应，因此，DP 数组应该是 $M×N$ 的。

DP 数组在这里的含义是什么呢？由于我们要构造递推关系，也就是如果 str1 中前面的某一段子串已经处理完了，即已经被操作成 str2 前面的某一段了，那么，从这个基础开始，应该如何操作，可以让 str1 后面的字符以更少的步骤编辑过去。可以看出，这里需要的是 str1 前面的某段子串到 str2 前面的某段子串的处理结果。DP$[i][j]$ 在此即可定义为将 str1$[0{\cdots}i]$ 变成 str2$[0{\cdots}j]$ 所需要的最小操作数，也就是这两个子串之间的编辑距离，如图 7-10 所示。

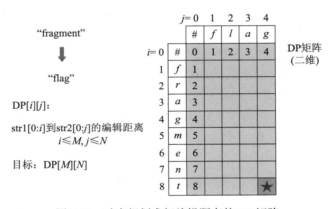

图 7-10　动态规划求解编辑距离的 DP 矩阵

注意，这里为了让边界值（也就是两个空串之间的编辑距离）也可以进入 DP 矩阵参与运算，因此将 str1 和 str2 前面各加了一个占位符"#"代表空串""，后面提到 str1 和 str2，都是指增加了"#"之后的字符串。此时 str1$[0{\cdots}0]$ 就表示 str1$[0]$，即空串。由于空串到任何一个长度为 k 的字符串的编辑距离都是 k（k 次插入操作），因此可以将行数和列数为 0 的边界值填好。而我们的目标就是得到 DP$[M][N]$ 的值，即 str1$[0{\cdots}M]$ 和 str2$[0{\cdots}N]$ 的编辑距离，也就是原来的 str1 和 str2 之间的编辑距离。

有了上面的边界值和目标位置，接下来的工作就是从这些边界值出发，逐渐填满这个 DP 矩阵，直到得到右下角的目标值。这就需要通过状态转移方程来实现了。下面我们来推理这个问题的状态转移方程。

假设在某个时刻，两个字符串的下标分别指向 i 和 j，即需要计算 str1$[0{\cdots}i]$ 和 str2$[0{\cdots}j]$ 之间的编辑距离。此时，可以对 str1$[i]$ 和 str2$[j]$ 的关系分情况讨论。

如果 str1$[i]$ 和 str2$[j]$ 相等。这种情况最简单，因为此时不需要任何操作，直接跳过这个字符即可。由于 DP$[i-1][j-1]$ 表示字符串 str1$[0{\cdots}i-1]$ 和 str2$[0{\cdots}j-1]$ 之间的编辑距离，因此在该情况下，DP$[i][j]$＝DP$[i-1][j-1]$，即 str1$[0{\cdots}i-1]$ 和 str2$[0{\cdots}j-1]$ 之间最少需要多少步操作，str1$[0{\cdots}i]$ 和 str2$[0{\cdots}j]$ 之间就最少需要多少步操作，因为 str1$[i]$

和 str2[j] 没有带来新的操作数。

如果 str1[i] 和 str2[j] 不相等，对于这两个不相等的字符，应当如何处理？考虑编辑操作总共有三种，这里可以分类进行讨论（见图 7-11）。

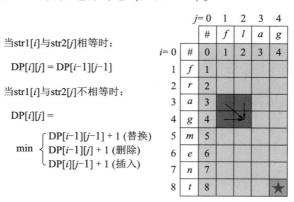

当 str1[i] 与 str2[j] 相等时：

$$DP[i][j] = DP[i-1][j-1]$$

当 str1[i] 与 str2[j] 不相等时：

$$DP[i][j] = \min \begin{cases} DP[i-1][j-1] + 1 & (替换) \\ DP[i-1][j] + 1 & (删除) \\ DP[i][j-1] + 1 & (插入) \end{cases}$$

图 7-11 编辑距离的状态转移方程推导

首先，在 str1[i] 的后面插入一个 str2[j]，我们人为创造出一个 str1[$i+1$] 和 str2[j] 相同的情况。参照上面的字符相等时的处理，str1[$0{\cdots}i+1$] 和 str2[$0{\cdots}j$] 之间的编辑距离就等于 str1[$0{\cdots}i$] 和 str2[$0{\cdots}j-1$] 之间的编辑距离。也就是说，如果已知 $DP[i, j-1]$，那么，$DP[i][j] = DP[i][j-1]+1$，加的 1 即为插入操作本身带来的操作数增加。这是第一种情况。

其次，还可以通过删除的操作，将 str1[i] 删除掉，这样就不需要考虑 str1[i] 了，str1[$0{\cdots}i$] 和 str2[$0{\cdots}j$] 之间的编辑距离就变成了 str1[$0{\cdots}i-1$] 和 str2[$0{\cdots}j$] 之间的编辑距离，所以，$DP[i][j] = DP[i-1][j]+1$，和上面类似，加 1 表示删除操作。这是第二种情况。

最后，还可以直接替换，也就是直接将 str1[i] 替换成 str2[j] 即可。替换后，此时要处理的子串从 str1[$0{\cdots}i$] 和 str2[$0{\cdots}j$] 变成了 str1[$0{\cdots}i-1$] 和 str2[$0{\cdots}j-1$]，因此，$DP[i][j] = DP[i-1][j-1]+1$。这是第三种情况。

至此已经列举出了所有的可能情况，由于要求的编辑距离是所有可能操作中步骤最少的，因此，应当对所有可能的情况取最小值。这样就得到了状态转移方程如下：

$$DP[i][j] = \begin{cases} DP[i-1][j-1], \\ \qquad\qquad \text{if } str1[i] = str2[j] \\[6pt] \min \begin{cases} DP[i-1][j-1], & (替换) \\ DP[i-1][j], & (删除) \\ DP[i][j-1] \end{cases} (插入) \\ +1, \\ \qquad\qquad \text{if } str1[i] \neq str2[j] \end{cases}$$

如果在 DP 矩阵中来看，新元素的计算只和左方、上方和斜上方一格的元素相关。因此，可以从上到下逐行填充 DP 矩阵。过程如图 7-12 所示。

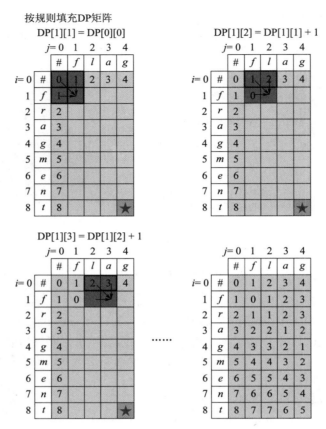

图 7-12 编辑距离的 DP 矩阵计算过程

上述过程的代码实现如代码 7-4 所示。

代码 7-4 动态规划求解编辑距离问题

```
1. def calc_edit_dist(word1, word2):
2.     # 补充首位占位符
3.     word1 = "" + word1
4.     word2 = "" + word2
5.     len1, len2 = len(word1), len(word2)
6.     # 建立 DP 矩阵，大小为[len1, len2]
7.     dp = [[0 for _ in range(len2)] for _ in range(len1)]
8.     # 边界条件初始化
9.     for i1 in range(len1):
10.        dp[i1][0] = i1
11.    for i2 in range(len2):
12.        dp[0][i2] = i2
13.    # 迭代填充 DP 矩阵
14.    for i1 in range(1, len1):
```

```
15.             for i2 in range(1, len2):
16.                 if word1[i1]== word2[i2]:
17.                     #该位置相等，不做操作
18.                     dp[i1][i2]= dp[i1 - 1][i2 - 1]
19.                 else:
20.                     #不相等时，取增删改中最优的策略
21.                     dp[i1][i2]= min(
22.                         dp[i1 - 1][i2]+ 1,
23.                         dp[i1][i2 - 1]+ 1,
24.                         dp[i1 - 1][i2 - 1]+ 1
25.                     )
26.     #返回 DP 右下角的值，即最终结果
27.     return dp[-1][-1]
28.
29. word1 = "flag"
30. word2 = "fragment"
31. dis = calc_edit_dist (word1, word2)
32. print (f"{word1} 和 {word2} 的编辑距离为：{dis} ")
33.
```

输出结果如下：

```
flag 和 fragment 的编辑距离为：5
```

注意：如果我们还记录了当前字符不相等时，最小值从哪个操作所代表的位置取到，这样就可以在计算完成后，展示出编辑距离所对应的具体的编辑操作过程。需要对上述代码进行修改，具体见代码 7-5。

代码 7-5 动态规划获取编辑过程

```
1.
2. def calc_edit_operations(word1, word2):
3.     #补充首位占位符
4.     word1 = ""+ word1
5.     word2 = ""+ word2
6.     len1, len2 = len (word1), len (word2)
7.     #建立 DP 矩阵和操作过程矩阵，大小都为[len1, len2]
8.     dp =[[0 for _ in range(len2)]for _ in range(len1)]
9.     ops =[[None for _ in range (len2 )]for _ in range(len1)]
10.    #边界条件初始化
11.    for i1 in range (len1) :
12.        dp[i1][0]= i1
13.        ops[i1][0]= f"delete: 删除 {word1[i1]} "
14.    for i2 in range (len2) :
15.        dp[0][i2]= i2
```

```
16.          ops[0][i2]= f"insert: 插入{word2[i2]}"
17.      # 迭代填充 DP 矩阵
18.      for i1 in range(1, len1):
19.          for i2 in range(1, len2):
20.              if word1[i1]== word2[i2]:
21.                  # 该位置相等, 不做操作
22.                  dp[i1][i2]= dp[i1 - 1][i2 - 1]
23.              else:
24.                  # 不相等时, 取增删改中最优的策略
25.                  cur_min = min (
26.                      dp[i1 - 1][i2],
27.                      dp[i1][i2 - 1],
28.                      dp[i1 - 1][i2 - 1]
29.                  )
30.                  # 记录编辑方式
31.                  dp[i1][i2]= cur_min + 1
32.                  if cur_min == dp[i1 - 1][i2]:
33.                      ops[i1][i2]= f"delete: 删除 {word1[i1]} "
34.                  elif cur_min == dp[i1][i2 - 1]:
35.                      ops[i1][i2]= f"insert: 插入 {word2[i2]} "
36.                  elif cur_min == dp[i1 - 1][i2 - 1]:
37.                      ops[i1][i2]= f"replace: 用{word2[i2]}替换掉{word1[i1]}"
38.
39.      # 从最终结果开始, 寻找得到最小编辑次数的路径, 并从前向后输出
40.      op_stack =[]
41.      i1, i2 = len1 - 1, len2 - 1
42.      while dp[i1][i2]! = 0:
43.          cur_op = ops[i1][i2]
44.          if cur_op is not None:
45.              op_stack. append(cur_op)
46.              if cur_op. startswith('delete'):
47.                  i1 = i1 - 1
48.              elif cur_op. startswith('insert'):
49.                  i2 = i2 - 1
50.              elif cur_op. startswith('replace'):
51.                  i1 = i1 - 1
52.                  i2 = i2 - 1
53.          else:
54.              i1 = i1 - 1
55.              i2 = i2 - 1
56.          i1, i2 = max (0, i1), max (0, i2)
57.      return op_stack[: : -1]
58.
```

```
59.
60. word1 = "ufrgm"
61. word2 = "fragment"
62. ops = calc_edit_operations(word1, word2)
63. for op in ops:
64.     print(op)
65.
```

输出结果如下：

```
delete: 删除 u
insert: 插入 a
insert: 插入 e
insert: 插入 n
insert: 插入 t
```

7.3.4　最长公共子序列

下面，我们再来看一个涉及 DP 矩阵的动态规划问题：最长公共子序列（longest common subsequence，LCS）问题。假设有两个数组，arr1 和 arr2，如果有一个序列 s 既是 arr1 的子序列，又是 arr2 的子序列，那么它就被称为这两个数组的公共子序列。在所有公共子序列中最长的那个，就被称为二者的最长公共子序列。我们需要找到这个最长公共子序列是哪个，以及这个最长的长度是多少，如图 7-13 所示。

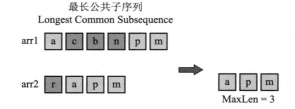

图 7-13　最长公共子序列

下面用动态规划的方法，来求解最长公共子序列的问题。由于这个问题涉及两个数组，因此，需要一个二维的 DP 矩阵来进行处理。有了上面编辑距离求解的经验，这里的 DP 数组的定义也应该容易想到了，即 $DP[i][j]$ 被定义为 $arr1[0\cdots i]$ 和 $arr2[0\cdots j]$ 这两个数组的最长公共子序列的长度[注意，这里的 arr1 和 arr2 也都是在原数组开头扩充一个占位符 "#"（这里表示无元素的空数组）的新数组，和上例中的情况相同]。根据这个定义，我们最终的目标就是这个 DP 矩阵右下角的值，即 arr1 和 arr2 的最长公共子序列。另外，根据定义，空数组和任何数组的最长公共子序列都是 0，因此，可以将 $i=0$ 或者 $j=0$ 的那些位置的边界值进行填充，如图 7-14 所示。

下面，根据这个 DP 矩阵的定义，来构造递推关系，也就是状态转移方程。首先，假设我们要求解 $arr1[0\cdots i]$ 和 $arr2[0\cdots j]$ 的最长公共子序列的长度，即 $DP[i][j]$，那么，如何由之前的已计算过的结果进行推导呢？首先来考察 $arr1[i]$ 和 $arr2[j]$ 之间的关系。这两个元素的关系无非就是相等和不相等两种可能。下面分类进行讨论（见图 7-15）。

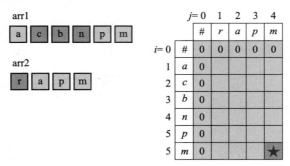

图 7-14　最长公共子序列的 DP 矩阵

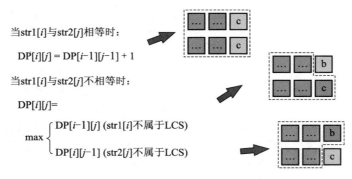

当 str1[i] 与 str2[j] 相等时：

$$DP[i][j] = DP[i-1][j-1] + 1$$

当 str1[i] 与 str2[j] 不相等时：

$$DP[i][j] = \max \begin{cases} DP[i-1][j] & (str1[i] \text{不属于LCS}) \\ DP[i][j-1] & (str2[j] \text{不属于LCS}) \end{cases}$$

图 7-15　最长公共子序列的状态转移方程推导

如果 arr1[i] = arr2[j]，那么说明，arr1[i] 和 arr2[j] 肯定在 arr1[$0 \cdots i$] 和 arr2[$0 \cdots j$] 的最长公共子序列中。这个结论是显然的，因为如果它不在这两个子数组的最长公共子序列，我们将它加进去，仍然符合公共子序列定义，但是却比之前的结果长度增加。这样一来，计算 arr1[$0 \cdots i$] 和 arr2[$0 \cdots j$] 的最长公共子序列，就相当于计算 arr1[$0 \cdots i-1$] 和 arr2[$0 \cdots j-1$] 的最长公共子序列之后，再将 arr1[i]（arr2[j]）添加后面。在这种情况下，递推关系就是：DP[i][j] = DP[$i-1$][$j-1$] + 1。

如果 arr1[i] 不等于 arr2[j]，那么就可以断言：arr1[i] 和 arr2[j] 不会同时出现在 arr1[$0 \cdots i$] 和 arr2[$0 \cdots j$] 的最长公共子序列中。继续分情况讨论：如果 arr1[i] 不在 arr1[$0 \cdots i$] 和 arr2[$0 \cdots j$] 的最长公共子序列中，则 arr1[$0 \cdots i$] 和 arr2[$0 \cdots j$] 的最长公共子序列就等价于 arr1[$0 \cdots i-1$] 和 arr2[$0 \cdots j$] 的最长公共子序列，在 DP 数组中写出来就是 DP[i][j] = DP[$i-1$][j]。同理，如果 arr2[j] 不在 arr1[$0 \cdots i$] 和 arr2[$0 \cdots j$] 的最长公共子序列中，则 DP[i][j] = DP[i][$j-1$]。既然要求的是"最长"公共子序列，因此，将二者求最大值，就可以得到 DP[i][j] 所对应的可能的最长的公共子序列长度。即 DP[i][j] = max ﹛DP[$i-1$][j]，DP[i][$j-1$]﹜。

其实还有一种情况没有提到，那就是 arr1[i] 和 arr2[j] 这两个元素都不在 arr1[$0 \cdots i$] 和 arr2[$0 \cdots j$] 的最长公共子序列中，但是这种情况下的最长公共子序列长度不会比上面的两种情况更长。也就是说，通过 max 函数，这种情况实际上就被忽略了。总结上面这些讨论，就可以得出最长公共子序列问题的状态转移方程，如下所示：

$$DP[i][j] = \begin{cases} DP[i-1][j-1]+1, & \text{if } arr1[i] = arr2[j] \\ \max\{DP[i-1][j], DP[i][j-1]\} \\ & \text{if } arr1[i] \neq arr2[j] \end{cases}$$

有了递推公式，剩下的过程就简单了。这个递推关系中，仍然是用到左上角、上方、左方三个位置的元素进行计算，因此，DP 矩阵的填充就可以按照从左向右、从上到下的顺序来执行。过程如图 7-16 所示。右下角位置的点，即为原问题的解。（另外，图中还标示出了在递推过程中 arr1[i] 和 arr2[j] 相等时的位置。将这些位置的元素记录下来，就可以获得最长公共子序列。）

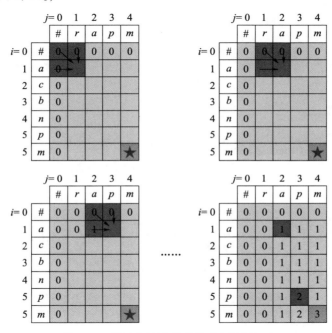

图 7-16　最长公共子序列的动态规划解法

最后，用代码实现这一过程，见代码 7-6。动态规划的算法实现往往比较简单。其难点在于 DP 数组的定义与递推关系的分析。

代码 7-6　动态规划求解最长公共子序列

```
1.def calc_lcs (word1, word2) :
2.    #补充首位占位符
3.    word1 = "" + word1
4.    word2 = "" + word2
5.    len1, len2 = len (word1), len (word2)
6.    #建立DP矩阵，大小为[len1, len2]
7.    dp =[[0 for _ in range (len2 )]for _ in range (len1) ]
8.    lcs =[]
```

```
9.      for i1 in range (1, len1) :
10.         for i2 in range (1, len2) :
11.             if word1[i1]== word2[i2]:
12.                 #如果当前位置字符相等，加入 LCS
13.                 dp[i1][i2]= dp[i1 - 1][i2 - 1]+ 1
14.                 lcs. append (word1[i1])
15.             else:
16.                 #否则需要至少剔除一个
17.                 dp[i1][i2]= max (
18.                     dp[i1 - 1][i2],
19.                     dp[i1][i2 - 1]
20.                 )
21.     #返回 DP 矩阵右下角的值
22.     return lcs
23.
24. word1 = "acbnpm"
25. word2 = "arpm"
26. lcs = calc_lcs (word1, word2)
27. print (f"{word1} 和 {word2} 的最大公共子序列为：{lcs}，长度为 {len (lcs) } ")
28.
```

输出结果如下：

```
acbnpm 和 arpm 的最大公共子序列为：['a', 'p', 'm']，长度为 3
```

7.3.5　最长公共子串

前面讨论了两个数组的最长公共子序列。按照定义，数组的子序列是不要求各元素在数组中是连续的，它们只有满足相对位置关系即可。但是字符串的"子串"则要求各个元素必须是连续的（见图 7-17）。如何求得两个字符串的最长公共子串呢？

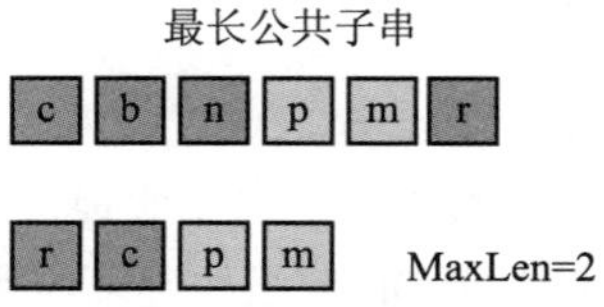

最长公共子串

图 7-17　字符串的最长公共子串示例

有了上面这么多例题，再处理这个问题应该不难了。这里就直接进入正题：首先，建立 DP 矩阵，考虑连续性，联想前面的最大连续子序列和的问题，$DP[i][j]$ 应该定义为以 str1$[i]$ 和 str2$[j]$ 结尾的最长公共子串的长度。

可以看出，这里已经暗含了一个条件，由于 str1$[i]$ 和 str2$[j]$ 要作为公共子串的结尾，说明这两个元素应该相等，所以，$DP[i][j]$ 只有在 str1$[i]$ = str2$[j]$ 的 (i, j) 处才是非 0 的。

如果 str1$[i]$ 和 str2$[j]$ 是相等的，那么应该如何建立递推关系呢？如果已知 $DP[i-1][j-1]$，即以 str1$[i-1]$ 和 str2$[j-1]$ 为结尾的公共子串中的最长的长度，又因为 str1$[i]$ = str2$[j]$，则 $DP[i][j]$ 自然应该比 $DP[i-1][j-1]$ 所对应的公共子串多一个元素 str1$[i]$（str2$[j]$），此时递推关系为：$DP[i][j]=DP[i-1][j-1]+1$，如图 7-18 所示。

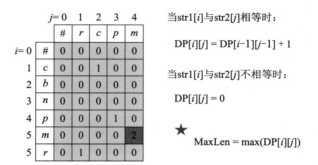

当 str1[*i*] 与 str2[*j*] 相等时：

$$DP[i][j] = DP[i-1][j-1] + 1$$

当 str1[*i*] 与 str2[*j*] 不相等时：

$$DP[i][j] = 0$$

★

$$MaxLen = max(DP[i][j])$$

图 7-18　最长公共子串的动态规划解法

　　基于这个递推关系，从上到下填充 DP 矩阵，就得到了以各个可能的位置为结尾的公共子串长度。在所有可能性中取出最大的，即为两个字符串的最长公共子串。

　　这个问题的具体实现见代码 7-7。

代码 7-7　动态规划求解最长公共子串

```
1. def calc_lc_substring (word1, word2) :
2.      # 补充首位占位符
3.      word1 = "" + word1
4.      word2 = "" + word2
5.      len1, len2 = len (word1), len (word2)
6.      # 建立 DP 矩阵，大小为 [len1, len2]
7.      max_dp = 0
8.      max_loc = [0, 0]
9.      dp = [[0 for _ in range (len2) ]for _ in range (len1) ]
10.     subs = [["" for _ in range (len2) ]for _ in range (len1) ]
11.     for i1 in range (1, len1) :
12.         for i2 in range (1, len2) :
13.             if word1[i1] == word2[i2]:
14.                 # 如果当前位置字符相等，加入公共字串
15.                 dp[i1][i2] = dp[i1 - 1][i2 - 1]+ 1
16.                 subs[i1][i2] = subs[i1 - 1][i2 - 1]+ word1[i1]
17.                 if dp[i1][i2] > max_dp:
18.                     max_loc = [i1, i2]
19.                     max_dp = dp[i1][i2]
20.             else:
21.                 dp[i1][i2] = 0
22.     # 返回最大值对应的最长子串
23.     return subs[max_loc[0]][max_loc[1]]
24.
25. word1 = "cbncpcopdmr"
26. word2 = "rcopmr"
```

```
27. lc_substring = calc_lc_substring (word1, word2)
28. print(f"{word1} 和 {word2} 的最大公共子串为:{lc_substring},长度为 {len(lc_substring)}")
```

输出结果如下：

```
cbncpcopdmr 和 rcopmr 的最大公共子串为: cop, 长度为 3
```

动态规划问题的处理方法如下：

首先，动态规划求解目标问题需要建立起合适的 DP 数组，这个 DP 数组可能是一维数组，也可能是二维数组。定义 DP 数组的关键就是理解问题目标中隐含着那些约束，如连续性、递增性等。这些约束是应该在 DP 数组的定义中有所体现，这样才能建立起 DP 数组不同位置之间的状态转移方程。

状态转移方程其实就是类似数学归纳法中的递推关系式。建立递推关系需要先假设我们已经算出了前面一些 DP 数组的元素，那么在当前情况下，我们能否用已经算出的值得到当前位置的值？如果情况较为复杂，通常可以对当前情况的不同可能性进行分类讨论。得到不同情况下的递推关系。最后，确保所有的情况都已经被考虑到，这时将不同情况下的递推关系合并，就是状态转移方程了。

有了 DP 数组和填充数组的手段：状态转移方程，剩下的事情就是按照状态转移方向，依次填充 DP 数组即可。最后，还要回到问题本身，确定如何对 DP 数组进行操作，从而得出原问题的解。另外，如果问题中要求返回具体的过程或状态，那么还需要在利用状态转移方程填充 DP 数组时，记录下通过哪种条件完成的转移，并且将有效的转移进行记录。

以上就是动态规划的基本思路。动态规划看似复杂，其实并不难懂，其目的就是减少重复计算以提高效率。动态规划的实现步骤也比较统一，就是上面所总结的这些。其实，它最难的地方是怎样去找 DP 数组的定义和状态转移方程，这一部分需要多研究相关问题，多练习和多总结。

第8章 数组与排序算法

在算法领域中，排序算法是一个很经典且基础的内容。而对于初学算法的读者来说，排序算法一直以来都是算法入门的必修课。本章主要关注几种经典的排序算法，并对它们的原理和实现过程进行详解。

8.1 排序问题简介

排序问题是一种常见的任务，它的目标是按照一定的确定的顺序或者排序规则，将一组数据进行排列有序。这个顺序规则可以有多种。对于数值类型的数据来说，可以是按照数值的大小进行排列；对于单个英文字母数据可以是按照字母表顺序进行排列；对于英文字符串可以按照字典顺序；对于汉字可以按照其编码的码值顺序，或者按照笔画顺序，或者拼音顺序等来排序。事实上，只要这组数据中的元素可以两两之间进行比较，且具有一个可以传递的大小关系（如果 A>B，B>C，那么一定有 A>C），这组数据就可以进行排序（见图8-1）。

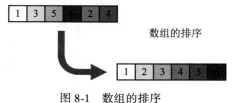

数组的排序

图8-1　数组的排序

这种任务在计算机算法领域和实际生活中都有广泛和基础的应用。在很多任务中，我们都需要对数据进行排序。比如，在学校里，对于期末考试的成绩单，需要按照成绩进行降序排列。在军训时，需要按照学生的身高进行从低到高的排序。在算法领域中也有许多排序的例子：比如，在搜索引擎中搜索某个关键词时，返回的网页信息就是按照相关性的分值进行排序的。再如，利用目标检测算法识别物体时，对于每个候选框中的物体类别，按照每个类别对应的置信度进行排序，等等。排序算法是很多应用场景的一个十分基础性的操作。

在描述一个排序算法时，除了通用的时间复杂度以外，还有一些专门的定义或者术语。比如，原位排序（in-place sort）是指在排序过程中，除了两个数之间的交换所必须用到的临时空间外，不再额外地占用空间的一类排序算法。另外还有一个重要的概念，那就是排序的稳定性（stability）。

稳定性是指在排序前后，两个值相同的元素之间的相对的前后次序不变。举个例子：现在有一个数组 [3, 5, 1, 2, 4, 5]，这个数组中有两个5，分别用 5_1 和 5_2 来表示，于是这个数组记作 [3, 5_1, 1, 2, 4, 5_2]，5_1 在前，5_2 在后。如果通过某种排序算法，最终得到的有序数组为 [1, 2, 3, 4, 5_1, 5_2]，那么我们就说这两个元素相对次序没有变，因为 5_1 还是在 5_2 的前面。如果一种排序算法，在排序过程中总能维持这种次序不变的特性，那么这种算法就被称为稳定排序。反之，则被称为不稳定排序。

8.2 经典排序算法介绍

对于前面提到的排序任务，实际上都可以转化为数组的排序。因此在下面的介绍中用数组这种形式进行说明。要将一个无序的数组进行排序，一般想到的思路无非是通过某种策略，使得无序数组中的元素与其他元素相互比较，从而找到每个元素自己的位置。并且这样的比较自然是越少越好。基于这个思路，人们设计出了很多种不同的实现方式，形成了许多经典的排序算法。下面选取其中的几种进行讲解。

8.2.1 冒泡排序

冒泡排序（bubble sort）。也被翻译为起泡排序或者泡式排序，是一种比较简单易于理解的排序方法。它是一种交换排序，通过比较，将顺序不符合要求的元素的顺序进行调换。这个排序的名字起得很形象，冒泡就是指通过对一个元素和其他元素依次比较，将小的元素冒起来，而同时将大的元素沉下去（因为是交换排序，因此小的上升自然大的就下降）。这一过程如图 8-2 所示。

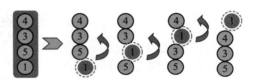

图 8-2　冒泡排序的"冒泡"过程

结合图 8-2，我们来解释冒泡排序的实现思路：首先从下往上，依次对相邻的两个元素进行比较，由于我们希望排序后的结果是从上往下依次增加的，因此如果下面的小于上面的，我们称为有一个逆序，那么就发生一次交换，否则不进行交换，继续比较。比如，在第一次比较中，下面的是 1，上面的是 5，因此发生交换。然后继续比较，下面的 1 仍然小于上面的 3，因此还需要交换。最后，下面的 1 小于上面的 4，进行交换。此时，比较操作已经到了这个数组的最顶端，整体的这一次操作结束，这样的操作一遍我们称为一趟（pass）。

我们来看一下，经过这么一趟操作，这个数组发生了什么呢？很明显，最小的元素已经被"冒泡"到最上面了。因为在这趟排序中，不管最小的元素在数组中的哪个位置，当比较和交换的操作进行到它所在的位置时，它必然要与在它上面的任何一个元素都要发生交换，因为每次比较它都是较小的那一个。这样，在一趟排序结束后，最小元素就被交换到了最顶上。

重复执行这样的一趟操作，此时要注意，由于最小元素已经到了正确的位置，因此第二趟排序中不需要对它进行比较，我们只需要比较和交换剩下的部分即可。第二趟操作也是同样的步骤，操作结束时，除了已经归位的最小值外的其他元素中的最小值（整个数组的次小值）就会被交换到上面第二个位置。这里我们发现，整个数组可以看作两个部分，分别是上面的有序部分和下面的无序部分，后续操作只需考虑无序部分即可。依此类推，继续进行第三趟排序、第四趟……每进行完一趟排序，无序部分中的最小值就会进入

有序部分，从而无序部分减少一个元素，而有序部分增加一个元素。重复执行，直到所有
元素都进入有序部分，此时就完成了整个数组的排序。

我们举一个完整的例子来直观展示冒泡排序的过程，如图 8-3 所示。

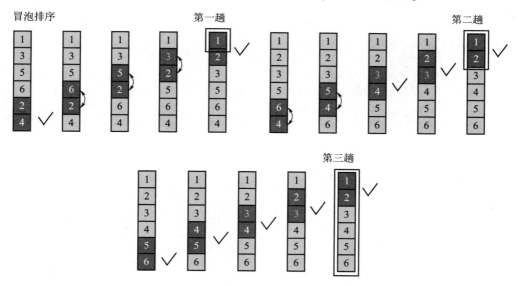

图 8-3　冒泡排序过程

首先，第一趟排序将最小值 1 排到了最上面，框起来的部分就是整个数组的有序部
分。然后，执行第二趟排序，将次小值 2 排到了 1 的下面，框中的有序部分变成了两个元
素。执行第三趟排序，此时发现，每次比较的结果都是不需要交换，也就是说，此时数组
已经是有序的了，排序结束。

排序分为稳定的排序和不稳定的排序。那么，冒泡排序是否是稳定的呢？如图 8-4
所示。

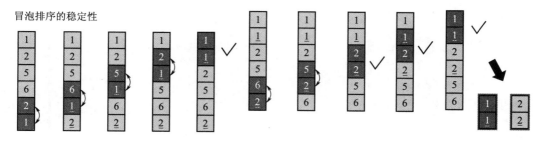

图 8-4　冒泡排序的稳定性

由图 8-4 可以直观地看到，冒泡排序前后，两个 1 的相对顺序并未改变，带下划线的
1 仍在不带下划线的 1 的下面。两个 2 的顺序也没有发生改变。注意，图 8-4 中两个 1 和
两个 2 进行比较时的步骤，对于每次比较两数相等的情况不进行交换，因此使得相等的数
字的相对位置不会改变。也就是说，如果冒泡排序只在下面的数字小于上面时才交换，而
对于不小于的情况都不进行交换，我们的冒泡排序算法就是稳定的。

冒泡排序的代码实现见代码 8-1。

代码 8-1　冒泡排序

```
1. def bubble_sort (arr) :
2.     # 记数组长度为 n, i 的取值范围[0, n-2], 表示最多需要 n-1 趟循环
3.     for i in range (len (arr) - 1) :
4.         # 每一趟排序都立一个标志位, 如果已经有序, 则直接返回
5.         is_sorted = True
6.         # max_j 为该趟排序需要比较的前面元素的最大位置 (后面已经是有序区)
7.         # max_j 的取值对应于 i 分别从 n-2 到 0
8.         max_j = len (arr) - i - 2
9.         for j in range (max_j + 1) :
10.            # 比较和交换, 如果前面大于后面, 就进行交换
11.            if arr[j] > arr[j + 1]:
12.                is_sorted = False
13.                tmp = arr[j]
14.                arr[j] = arr[j + 1]
15.                arr[j + 1] = tmp
16.        print ('第 {0} 趟排序结果: {1}'. format (i + 1, arr) )
17.        if is_sorted:
18.            return arr
19.    return arr
20.
21. if __name__ == "__main__":
22.     test_arr = [5, 4, 2, 3, 1]
23.     print ('初始数组为: {0}'. format (test_arr) )
24.     sorted_arr = bubble_sort (test_arr)
25.     print ('最终排序结果为: {0}'. format (sorted_arr) )
```

输出结果如下:

```
初始数组为: [5, 4, 2, 3, 1]
第 1 趟排序结果: [4, 2, 3, 1, 5]
第 2 趟排序结果: [2, 3, 1, 4, 5]
第 3 趟排序结果: [2, 1, 3, 4, 5]
第 4 趟排序结果: [1, 2, 3, 4, 5]
最终排序结果为: [1, 2, 3, 4, 5]
```

8.2.2　选择排序

选择排序（selection sort），这里的"选择"是指选出当前无序部分中的最小值。选择排序的思想非常简单直观：首先，在所有无序的数组中找到最小的，并把它放在最开始的位置，然后继续寻找次小的，放在第二个位置，依次进行，直到所有的元素都被排好序。我们用一个形象的例子来说明这个过程（见图 8-5）。

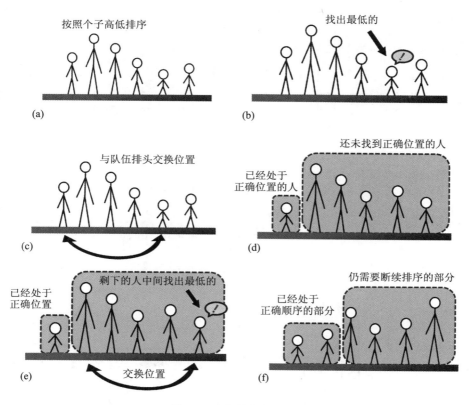

图 8-5 选择排序的原理

由图 8-5 可以看到，我们要对队伍里的这些人按照个子高矮进行排列，如果按照选择排序的原理，我们会先找到队伍里个子最低的那个人，让他和排头的人交换位置，此时，这个人就已经找好了他自己的位置，后面就不需要再动了。然后，我们再对尚未找到自己正确位置的人执行同样的操作，即找到剩下的人里面个子最低的（整个队伍中个子次低的），让他和剩下的人中最前面的交换位置。这样，就已经有两个人找好自己的位置了。同理，后面的人继续挑选最矮的人，和无序区的排头交换位置，直到最后一个人也进入有序区，整个队伍就被排好了。

每一次寻找无序区里的最小值的方法在第 1 章中已经提过了，那就是将从头到尾对数组中的元素进行访问，首先将当前最小值设定为第一个元素的值，而后如果有比它更小的，就更新为那个更小的值。全部访问完成后，当前最小值就是全局最小值。

一个完整的选择排序的过程如图 8-6 所示。

由图 8-6 可以看到，左侧的实线框中表示当前的最小值，也就是我们选择的对象。对无序区的元素遍历完成后，这个框中的元素就要和无序区的第一个元素进行交换。右侧的虚线框表示有序区，即已经排序好的部分。每经过一次选择和交换的步骤，虚线框中的元素就会多一个。最后一个元素不需要选择，因为前面的过程已经证明了前面所有的元素都比它小，因此它是全局最大值，自然应该留在最后面。

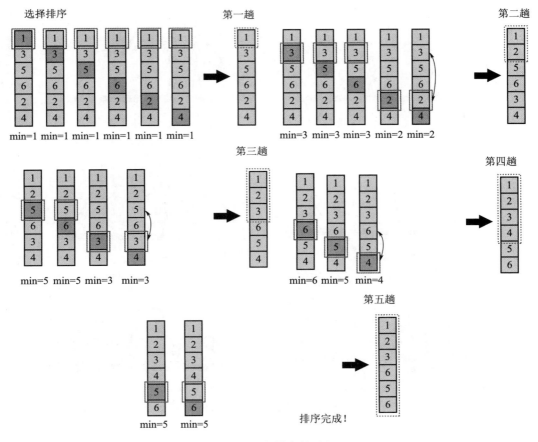

图 8-6　选择排序的过程

那么选择排序是不是稳定的呢？事实上，由于有交换这个步骤的存在，上述的选择排序的方法是不稳定的。我们举一个例子就能看出来：一个数组为$[8_1，8_2，5，3]$，按照前面的步骤，首先找到最小值为 3，和最前面的 8_1 进行交换后，得到：$[3，8_2，5，8_1]$，然后，再找剩下的里面的最小值，也就是 5，和处在第二位的 8_2 进行交换，得到：$[3，5，8_2，8_1]$。我们可以看到，此时两个数字 8 的相对位置发生变化，开始时 8_1 在 8_2 之前，排序后则 8_1 在 8_2 之后了。所以，这个排序方式是不稳定的。

但是我们注意到，这个不稳定性的来源不是由于选择排序中的"选择"，而是由于为了降低空间复杂度，对当前选出来的最小值，直接和它应在的位置的元素进行交换这个步骤导致的。因此，如果不采用直接交换，而是每次选出一个最小值，然后放在新开辟的数组中，那么选择排序的算法就是稳定的。仍然用上面的例子，首先选择 3，此时排序好的数组为$[3]$，然后选择 5，排序好的数组为$[3，5]$，然后选择 8_1（注意：在选取最小值的过程中，只要后面的元素不大于当前最小值，就不进行更新。也就是说，在有多个取值相同的元素的情况下，我们选择第一次出现的那一个），排序好的数组为$[3，5，8_1]$。最后，选择 8_2，得到了最终排好序的数组$[3，5，8_1，8_2]$。按照这种方式进行的选择排序，自然就变成稳定的。

选择排序的代码实现见代码 8-2。

代码 8-2　选择排序

```
1. def selection_sort (arr) :
2.     #记数组长度为 n，i 的取值范围[0, n-2]，表示最多需要 n-1 趟循环
3.     for i in range (len (arr) - 1) :
4.         #当前最小值赋初值
5.         cur_min = arr[i]
6.         i_min = i
7.         #在当前无序区遍历，确定无序区最小值
8.         for j in range (i + 1, len (arr) ) :
9.             if arr[j]< cur_min:
10.                 i_min = j
11.                 cur_min = arr[j]
12.         #如果最小值不是无序区第一个元素，则进行交换
13.         if i_min ! = i:
14.             tmp = arr[i]
15.             arr[i]= arr[i_min]
16.             arr[i_min]= tmp
17.         print ('第 {0} 趟排序结果：{1}'. format (i + 1, arr) )
18.     return arr
19.
20. if __name__ == "__main__":
21.     test_arr =[5, 4, 2, 3, 1]
22.     print ('初始数组为：{0} '. format (test_arr) )
23.     sorted_arr = selection_sort (test_arr)
24.     print ('最终排序结果为：{0} '. format (sorted_arr) )
```

输出结果如下：

```
初始数组为：[5, 4, 2, 3, 1]
第 1 趟排序结果：[1, 4, 2, 3, 5]
第 2 趟排序结果：[1, 2, 4, 3, 5]
第 3 趟排序结果：[1, 2, 3, 4, 5]
第 4 趟排序结果：[1, 2, 3, 4, 5]
最终排序结果为：[1, 2, 3, 4, 5]
```

8.2.3　插入排序

插入排序（insertion sort）的原理也很直观，我们举一个生活中的例子来说明。

图 8-7 所示为我们在打扑克时摸牌和整理牌的情况。开始我们手里有 4 和 K，然后从牌堆里摸牌，得到一张 2，我们按照从小到大的顺序整理手中的牌，于是把 2 放在最左侧。继续摸牌，摸到一张 3，于是就把 3 插入 2 和 4 之间，以保证我们手中的牌还是按顺序的，依此类推，直到完成摸牌，最终我们手上的牌就是按照大小顺序排好的。

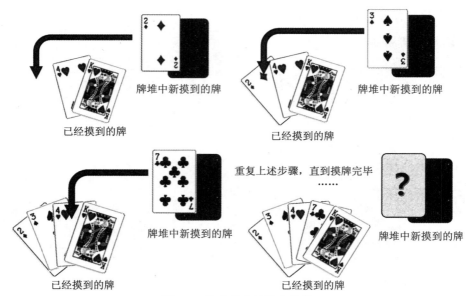

图 8-7　扑克牌中的插入排序

　　这个场景和过程对于我们的排序问题是有启发意义的。我们可以把无序的数组看作还未摸到的牌堆，我们要做的就是从无序数组中逐个取出元素，然后将这个元素插入已有的有序数组中的正确位置。当所有无序数组的元素都被取出并转移到有序数组时，我们就完成了数组的排序。

　　可以看出，插入排序算法和前面讲到的选择排序算法似乎有某种相似之处，因为二者的思路都是逐个为合适的元素找到合适的位置。这二者的主要区别是：选择排序是先选择当前需要的合适的元素（无序区最小），而这个元素的位置是固定的（无序区首位）；而插入排序则相反，当前元素是固定的（无序区首位），但是我们需要为它找到合适的位置（插入有序区的某个位置）。所以，选择排序的时间主要花费在"选择"元素上，也就是通过遍历无序区找到最小值的那个元素，而放置元素到合适位置不需要花费时间，因为这个位置一定是无序区的第一个位置。而插入排序在选择元素上不需要花费时间，直接取出无序区的第一个即可，它的时间花费主要是如何将这个选出来的元素放入合适的位置，这个过程需要与有序区的元素进行比较。

　　我们来看一个插入排序的实例，并结合该实例讲解插入排序的具体实现方式，如图 8-8 所示。

　　参照图 8-8 来详细介绍插入排序的过程。首先，取第一个元素，因为只有一个元素，所以我们将它看作是已经排好序的（一个平凡解），然后，取第二个元素，这个元素为 3，与有序区的最大值（也就是第一个元素 1）进行比较，发现 3 > 1，因此应当插入到最右侧，也就是说不需要移动。我们来看第三个元素 5，与此时有序区（[1, 3]）的最大值 3 进行比较，发现 5 > 3，因此也不需要移动，同理，6 > 5，下一个元素也不需要移动，直接插入到有序区的最右侧即可。

　　接下来，我们取到元素 2，和当前有序区（[1, 3, 5, 6]）中的最右侧的最大值 6 进行比较，发现 2 < 6，这表明我们需要将 2 插入有序区中间的某个位置。简单来说，就是

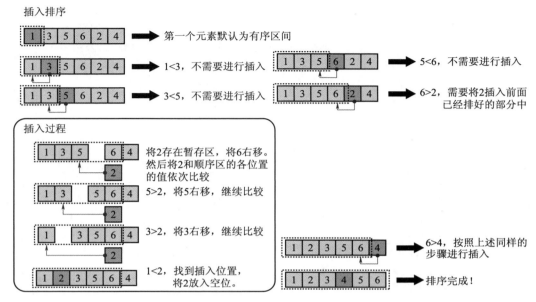

图 8-8 插入排序的过程

从右（有序区最大值）向左依次比较，如果被比较的有序区元素仍比待插入的元素大，那么继续向左比较，并且将这个有序区的元素向右移动一格，以便为新元素的插入腾出位置（有点像华容道积木拼图的过程）。如果此时被比较的有序区的元素比待插入的元素小，由于它在有序区，那么也表明左侧的所有元素都小于待插入的元素，而又由于右侧的都大于待插入元素（因为这是第一个小于待插入元素的），所以，当前空出来的位置就是新元素应当插入的位置。这样就完成了一次插入的过程。

后续元素的插入方法与此相同，于是将最后一个元素 4 也插入合适的位置，此时所有元素都已经完成插入，进入有序区，整个数组的插入排序过程完成了。

下面考察插入排序的稳定性。直观地想一下，我们是按照从前到后的方式逐个插入的，因此，对于两个相同取值的元素，必然是前面的先进入有序区，后面的后进入有序区。而在后面的进行插入过程中，我们只要设定在与有序区元素逐一比较过程中，如果遇到相等的情况，我们也停止比较直接插入，那么后面的元素就被插入前面的相同取值元素之后了，从而相对顺序被保留下来，也就是说，这样的插入排序算法是稳定的。

下面将上述的插入排序的过程用代码进行实现，见代码 8-3。

代码 8-3 插入排序

```
1. def insertion_sort (arr) :
2.     # 处理边界情况，以便后面直接从第二个元素开始插入
3.     if len (arr) == 1:
4.         return arr
5.     # 记数组长度为 n，i 范围为 [1, n-1]，即从第二个开始逐个插入
6.     for i in range (1, len (arr) ) :
7.         tmp = arr[i]
```

```
8.              for j in range (1, i + 1) :
9.                  if tmp < arr[i - j]:
10.                     # 从右向左，如果小于当前值，则当前元素向右移动一格，继续比较
11.                     arr[i - j + 1]= arr[i - j]
12.                     # 比有序区所有都小，则放在最开始位置
13.                     if j == i:
14.                         arr[0]= tmp
15.                     else:
16.                         # 否则插入，并停止比较
17.                         arr[i - j + 1]= tmp
18.                         break
19.             print ('第 {0} 趟排序结果：{1} '. format (i, arr) )
20.         return arr
21.
22. if __name__ == "__main__":
23.     test_arr =[5, 4, 2, 3, 1]
24.     print ('初始数组为：{0} '. format (test_arr) )
25.     sorted_arr = insertion_sort (test_arr)
26.     print ('最终排序结果为：{0} '. format (sorted_arr) )
```

输出结果如下：

```
初始数组为：[5, 4, 2, 3, 1]
第 1 趟排序结果：[4, 5, 2, 3, 1]
第 2 趟排序结果：[2, 4, 5, 3, 1]
第 3 趟排序结果：[2, 3, 4, 5, 1]
第 4 趟排序结果：[1, 2, 3, 4, 5]
最终排序结果为：[1, 2, 3, 4, 5]
```

8.2.4 希尔排序

希尔排序（Shell sort）。名字是以他的提出者 Donald Shell 来命名的。希尔排序和前面讲的插入排序有很大的关联，确切地说，希尔排序是一种基于前面的普通插入排序的改进版本。因此，将希尔排序放在插入排序后面进行讲解。

希尔排序本质上是一种分组的插入排序。其基本操作如下：首先，按照一定的间隔对数组进行分组，比如，对于一个数组[5, 6, 1, 4, 3, 2]，如果按照间隔为 3 进行分组，那么会得到 3 组新的数组：[5, 4]，[6, 3]，[1, 2]。对于每个组都各自进行插入排序，得到[4, 5]，[3, 6]，[1, 2]，排序后再按照原来的位置放回原来的数组，于是这样一次处理后，数组变成了[4, 3, 1, 5, 6, 2]。然后，我们减小间隔，如间隔为2，又可以得到一些新的数组：[4, 1, 6]，[3, 5, 2]，同样地，在组内进行排序，然后放回原位置，依此类推……最后一次操作的间隔必须为 1，即一个普通的插入排序，然后得到最终的排序结果。

相比起前面提到的几个算法，希尔排序的思路似乎并不是那么容易理解。为什么我们

112

要对数组进行分组，然后组内先排序后再逐渐减小间隔？既然最后还是要间隔为 1，即普通的插入排序，为什么还要进行前面的那些操作？

我们回想一下插入排序的过程，对于当前访问的元素值，需要在有序区找到它的位置，这个过程的实现是通过从右向左（从大到小）依次比较和移动实现的。因此，如果数组长度很长，而且刚好有一个很小的元素在最右侧，那么就需要花费很多次比较和移动的操作才能将这个元素放回正确的位置。

而希尔排序的间隔分组就是为了解决这个问题，通过开始的大间隔，使得"比较"和"交换"的操作不再局限于相邻的两个元素，跨度很大的元素之间也可以进行直接比较和交换。这样，如果有一个很小的元素排在非常靠后的位置，它在一轮移动之后就可以直接跳过很多元素，被交换到比较靠前的位置。虽然这个位置并不是它在顺序数组中的位置，但是要比之前更接近。对于其他元素也是同理。换句话说，希尔排序首先对元素的大小进行一些粗略的大概的排序，让小的元素都大致排在左侧，而大的元素尽量靠右放，然后逐步精细化，仔细地通过插入排序的方法进行整理。最后用一遍普通的间隔为 1 的插入排序，完成整个数组的整体排序。

我们换一种方式来理解上面的这些内容。首先，排序的本质究竟是什么？简单来说，排序的本质就是消除无序数组中的所有逆序。逆序就是指两个元素之间的位置和它们的大小关系不匹配。比如，在这数组[3，2，1]中，3 和 2 之间存在一个逆序，2 应该在 3 之前，但是却被排在了 3 的后面。同理，2 和 1 也有一个逆序，3 和 1 也有一个逆序。如果按照传统的插入排序的方法，首先交换 2 和 3，消除一个逆序，得到[2，3，1]。然后，交换 1 和 3，又消除一个逆序，得到[2，1，3]。最后，交换 1 和 2，消除一个逆序，得到排好序的结果[1，2，3]。我们发现，这种消除逆序的方法效率还是比较低的，因为每次比较和交换只能消除一个逆序。但是，如果把间隔设置为 2，3 和 1 可以直接比较和交换，就可以直接得到[1，2，3]。这样，仅仅通过一次比较和交换，就消除了多个逆序，排序效率自然得到提升。所以，希尔排序之所以更高效的本质也在于此：通过允许间隔较远的元素直接比较，实现了一次交换消除多个逆序的结果。

下面结合实例，看一看希尔排序是如何实现的，如图 8-9 所示。

结合图 8-9 来说明希尔排序的过程。首先，取间隔为 3，从而可以得到 3 组新的数组，对于每个数组，都通过插入排序的方法进行排序。当所有元素都排好后，就得到在该间隔下的排序结果。

这里，我们注意看元素 1 的移动过程，在一开始，1 被排在相对靠后的位置（倒数第三个元素），而它实际上是全局最小值，如果按照普通的插入排序，需要从最初的位置经过多次移动才能回归正确的位置。然而，通过希尔排序的分组操作，在新数组[6，7，1]中，只需要移动两次，就将 1 放到正确的位置，从而省去很多比较和移动的操作，提高效率。

然后，对间隔进行缩小，再次进行操作，得到间隔为 2 的情况下的排序结果。最后，间隔为 1，即普通插入排序。但是此时的输入数组中的很多逆序都已经被消除了，相对比较有序。因此插入排序可以用较少步骤就可以完成。此时希尔排序完成。

希尔排序由于多次跨越式地交换元素的操作，很明显不是一个稳定的算法。希尔排序的示例见代码 8-4。

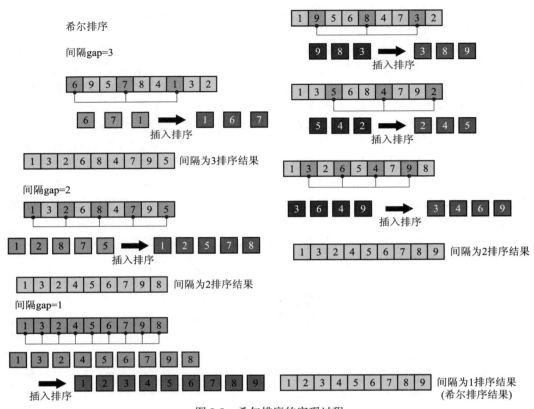

图 8-9 希尔排序的实现过程

代码 8-4 希尔排序

```
1. def Shell_sort (arr, gaps=[3, 2, 1]) :
2.     # 对每个间隔进行遍历
3.     for gap in gaps:
4.         # 每个间隔下为一个分组，对分组内的所有数组进行遍历排序
5.         for offset in range (gap) :
6.             # 取出当前数组
7.             ids = list (range (offset, len (arr), gap) )
8.             tmp_arr =[arr[i]for i in ids]
9.             # 只有一个元素时，不需要排序
10.            if len (tmp_arr) == 1:
11.                continue
12.            print('间隔为{0}第{1}次时选出排序的分组:{2}'.format(gap, offset+1, tmp_arr))
13.            # 利用插入排序算法进行排序
14.            sorted_arr = insertion_sort (tmp_arr)
15.            # 将结果写入原数组（此过程也可以原位操作）
16.            for i, idx in enumerate (ids) :
17.                arr[idx]= sorted_arr[i]
```

```
18.              print('间隔为{0}第{1}次时的排序结果:{2}'.format(gap, offset+1, arr))
19.     return arr
20.
21.
22. if __name__ == "__main__":
23.     test_arr =[5, 4, 2, 3, 1]
24.     print ('初始数组为：{0} '. format (test_arr) )
25.     sorted_arr = Shell_sort (test_arr)
26.     print ('最终排序结果为：{0} '. format (sorted_arr) )
```

输出结果如下：

```
初始数组为：[5, 4, 2, 3, 1]
间隔为 3 第 1 次时选出排序的分组：[5, 3]
第 1 趟排序结果：[3, 5]
间隔为 3 第 1 次时的排序结果：[3, 4, 2, 5, 1]
间隔为 3 第 2 次时选出排序的分组：[4, 1]
第 1 趟排序结果：[1, 4]
间隔为 3 第 2 次时的排序结果：[3, 1, 2, 5, 4]
间隔为 2 第 1 次时选出排序的分组：[3, 2, 4]
第 1 趟排序结果：[2, 3, 4]
第 2 趟排序结果：[2, 3, 4]
间隔为 2 第 1 次时的排序结果：[2, 1, 3, 5, 4]
间隔为 2 第 2 次时选出排序的分组：[1, 5]
第 1 趟排序结果：[1, 5]
间隔为 2 第 2 次时的排序结果：[2, 1, 3, 5, 4]
间隔为 1 第 1 次时选出排序的分组：[2, 1, 3, 5, 4]
第 1 趟排序结果：[1, 2, 3, 5, 4]
第 2 趟排序结果：[1, 2, 3, 5, 4]
第 3 趟排序结果：[1, 2, 3, 5, 4]
第 4 趟排序结果：[1, 2, 3, 4, 5]
间隔为 1 第 1 次时的排序结果：[1, 2, 3, 4, 5]
最终排序结果为：[1, 2, 3, 4, 5]
```

8.2.5　归并排序

　　归并排序（merge sort），"归并"中的"归"表示递归，而"并"则表示递归返回结果的合并（merge 这个词本身就是合并的意思，递归只是它的一种实现方式）。归并排序的思想就是前面我们提到的递归的思路，它通过不断把一个复杂的大问题拆解成可以用同样方法实现的较小的问题，直到最终达到可以直接实现的最简单的小问题，然后再逐步返回和整合，最终得到大问题的解。将这种思路应用到排序问题中，就是这里的归并排序。

　　首先，将数组的排序看作是要解决的问题，因此对其进行拆解，如果将数组分成两部分，而这两部分都已经分别排好序，那么我们的问题就可以简化一些，因为此时可以直接将两个排好序的数组合并（合并的具体实现方式后面详述）。而对于分开的这两部分，它们各自的排序也可以按照这个思路来进行，因此就形成了递归的条件。而这个递归在哪里终止呢？递归终止于我们输入的数组只有一个元素的情况。此时，将之前拆分的结果逐步返回，在返回的过程中按照顺序进行合并，保证每次函数返回的结果都是有序的。当返回最初的调用时，整个数组就已经被排好序了。

归并排序的整个过程如图 8-10 所示。

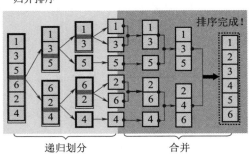

图 8-10　归并排序的过程

和所有的递归算法一样，归并排序的过程也可以分成递归划分拆解问题和逐级返回合并这两个阶段。如图 8-10 所示，对于输入的数组，先从中间进行划分，分解为两个长度为 3 的小数组，然后，对于每个小数组，仍然继续划分，此时得到一个长度为 2 的小数组和长度为 1 的数组（也就是一个元素）。长度为 2 的数组进一步拆解，就变成了两个长度为 1 的数组，或者被拆成了两个元素。对这两个元素可以直接合并，只需要小的在前面大的在后面即可。然后，长度为 2 的数组就可以返回结果。我们将已经排好序的长度为 2 的数组和长度为 1 的数组进行合并，从而得到长度为 3 的排好序的数组，然后对这两个长度为 3 的排好序的数组进行合并，就得到原数组的最终排序结果。

对于只有一个元素或者只有两个元素的数组的合并操作是显而易见的（一个元素不需要合并，直接返回，两个元素的直接按相对大小排列），那么，当两个较长的但是各自又是有序的数组进行合并时，应当如何操作呢？图 8-11 所示为归并排序中的合并操作。

结合图 8-11，详细讲述合并操作的具体实现流程。首先，由于两个数组都是已经排好序的，因此需要都从最前面的元素开始进行考察，所以当前位置的指针在初始时都指向两个数组的第一个元素。很显然，合并后的最小值肯定是这两个数组中第一个元素中较小的那个，在这里是第一个数组的最小值 1，于是将 1 放入最终返回结果的最前面，将第一个数组的当前元素的指针向右移动一格，然后再对两个数组的指针当前所指向的元素进行比较，发现此时右边数组元素 2 更小一些，因此将 2 放在最终返回结果中，并将右侧数组的指针向右移动。依此类推，直到其中一个数组中的元素已经全部被合并到结果数组中，这时只需将另一个数组中剩下的元素直接接到结果数组的后面即可。

下面简单说明为什么这个操作可以保证最终结果数组是有序的。首先，第一个元素从两个数组的最小值中间选取是必然的，因为这两个最小值之间的较小值就是合并完后的全局最小值。而将这个元素合并到最终的结果数组后，剩下的两个数组仍然是各自有序的，因此实际上这时的情形与开始时是相同的，因此仍需要执行比较的操作，找到现在的两个

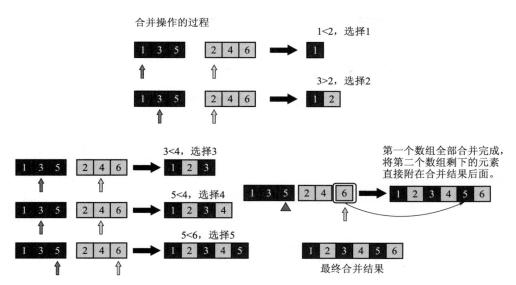

图 8-11　合并操作的步骤

数组中（去除了已经被合并到结果中的元素）中的最小值，这个值也就是当前的最小值，由于全局最小值已经被合并到结果中了，因此这个值也是全局次小值。同理，我们可以找到第三个、第四个……从而保证这些元素之间是有序的。

而对于最后将剩下的元素直接合并的过程，考虑另一个数组中的元素都已经被合并到结果中，也说明剩下的数组中的第一个值（当前最小值）仍然要比另一个数组中的最大值还要大。而剩下的数组中的元素是有序的，因此剩下的这一部分都比合并结果数组的最大值大，且本身是由小到大排列起来的。那么，将剩下的这部分元素直接附在已经合并的结果数组后面，自然能保证整个结果数组的有序性。

下面就用递归的方式来实现归并排序算法，见代码 8-5。

代码 8-5　归并排序

```
1. def merge (arr1, arr2) :
2.    pt1 = 0
3.    pt2 = 0
4.    ret_arr =[]
5.    # 如果两个数组都还未遍历完成，则继续遍历
6.    while pt1 < len (arr1) and pt2 < len (arr2) :
7.        if arr1[pt1]< arr2[pt2]:
8.           ret_arr. append (arr1[pt1])
9.           pt1 = pt1 + 1
10.       else:
11.          ret_arr. append (arr2[pt2])
12.          pt2 = pt2 + 1
13.   # 如果 arr1 先完成，将 arr2 的后半部分补到最终结果的后面
14.   if pt1 == len (arr1) :
```

```
15.        ret_arr = ret_arr + arr2[pt2: ]
16.      #反之，则将 arr1 的后半部分补到最终结果后面
17.      else:
18.        ret_arr = ret_arr + arr1[pt1: ]
19.      return ret_arr
20.
21.  def merge_sort (arr):
22.      #边界条件返回
23.      if len (arr) == 1:
24.        return arr
25.      #向上取整，获得 mid 作为分割界限
26.      mid = (len (arr) + 1) // 2
27.      #递归调用
28.      left_arr = merge_sort (arr[:mid])
29.      print('调用 merge_sort 将{0}排序成为{1}'.format(arr[:mid], left_arr))
30.      right_arr = merge_sort (arr[mid: ])
31.      print('调用 merge_sort 将{0}排序成为{1}'.format(arr[mid:], right_arr))
32.      return merge (left_arr, right_arr)
33.
34.
35.  if __name__ == "__main__":
36.      test_arr =[5, 4, 2, 3, 1]
37.      print ('初始数组为: {0} ". format (test_arr) )
38.      sorted_arr = merge_sort (test_arr)
39.      print ('最终排序结果为: {0} '. format (sorted_arr) )
```

输出结果如下：

```
初始数组为: [5, 4, 2, 3, 1]
调用 merge_sort 将[5]排序成为[5]
调用 merge_sort 将[4]排序成为[4]
调用 merge_sort 将[5, 4]排序成为[4, 5]
调用 merge_sort 将[2]排序成为[2]
调用 merge_sort 将[5, 4, 2]排序成为[2, 4, 5]
调用 merge_sort 将[3]排序成为[3]
调用 merge_sort 将[1]排序成为[1]
调用 merge_sort 将[3, 1]排序成为[1, 3]
最终排序结果为: [1, 2, 3, 4, 5]
```

8.2.6　快速排序

　　快速排序（quick sort）是以效率高而著称的。快速排序的思想如下：先从数组中取出一个元素作为基准（pivot），然后将其他元素与这个元素比较，全部比较完成后，把小于基准的元素放在基准的左侧，大于基准的元素都放在基准的右侧。这样，基准元素就找

到了自己的正确位置，并且左侧的都小于它，右侧的都大于它，对于整个数组来说，可以看作完成了一次很粗略地排序（因为左侧部分小，右侧部分大，但是单独看左侧部分或者右侧部分，仍然是乱序的）。整个过程如图 8-12 所示。

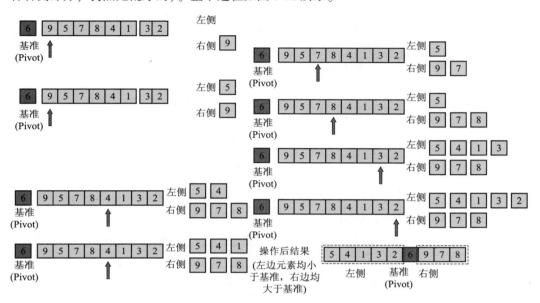

图 8-12　快速排序的一次操作

那么，对于当前基准的左侧和右侧的无序部分，应当怎样处理呢？快速排序给出的方式是：递归地进行上面的步骤即可。在图 8-12 中，取第一个位置的元素 6 作为基准，然后得到左侧的 [5, 4, 1, 3, 2] 和右侧的 [9, 7, 8]。对于左侧，我们递归进行上述操作，也就是要选择 5 作为基准，这样就将左侧变成了 [4, 1, 3, 2, 5]，同理右侧变成 [7, 8, 9]。对于 [4, 1, 3, 2, 5] 来说，只有左侧的 [4, 1, 3, 2]，将 4 作为基准，继续执行，得到 [1, 3, 2, 4]，其中只有左侧的 [1, 3, 2]，继续选择 1 作为基准，得到 [1, 3, 2]，只有右侧 [3, 2]，以 3 为基准，得到 [2, 3]，返回与之前合并，得到 [1, 2, 3]，继续返回并合并，得到 [1, 3, 2, 4]，继续返回合并，得到 [1, 3, 2, 4, 5]。对于 [7, 8, 9]，只有右侧 [8, 9]，基准为 8，得到 [8, 9]，返回并合并，得到 [7, 8, 9]。至此，基准 6 的左右两侧都已经排好序，直接合并，得到 [1, 3, 2, 4, 5, 6, 7, 8, 9]。整个过程如图 8-13 所示。

在上面展示的快速排序的一次操作中（选定基准，分成左右两侧），我们还需要额外的空间分别暂存左右两侧的元素。实际上，快速排序还有一种原位操作方式，也可以实现以选定的基准将其他元素分成左右两侧的目标。下面结合图 8-14 来讲解这种操作。

原位操作实现过程如下：首先，选择第一个元素为基准，然后，在数组的首尾两端各自维护一个指针，左侧的指针只能向右移动或者不移动，右侧的指针只能向左移动或者不移动。下面开始指针的移动和元素交换操作，首先判断右边的指针所指向的元素是否小于基准，如果小于，则开始移动左侧的指针，否则，持续移动右侧的指针直到找到一个小于基准的元素，从而可以开始移动左侧的指针。对于左侧的指针，首先判断指向的元素是否大于基准，如果大于，则左右两个指针指向的元素进行交换，否则，持续移动左边指针知

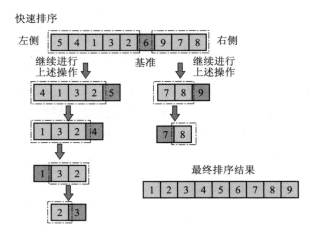

图 8-13 快速排序的递归实现

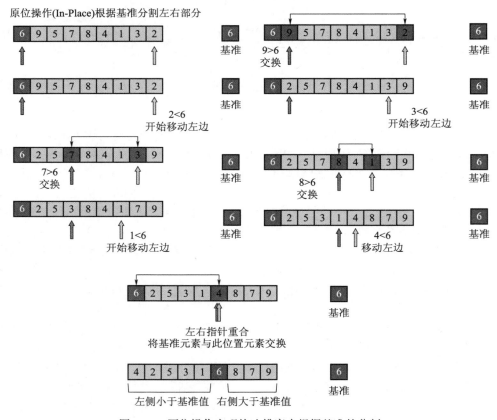

图 8-14 原位操作实现快速排序中根据基准的分割

道找到一个大于基准的元素，从而进行交换。交换完成后，继续从右指针开始移动，这个过程一直进行，直到两个指针重合（指向同一个元素的位置）。将这两个指针共同指向的元素与基准（第一个元素）进行交换，就得到了最终结果，此时基准已经归位，且左侧小于基准，右侧大于基准。

　　下面详细说明这个方法的合理性。实际上，在每一次交换过程中，我们都是用左侧的大于基准的值和右侧的小于基准的值进行调换。这样，就消除了一对不符合"左侧都小于基准，右侧都大于基准"的元素，使得它们回归正确的位置。而对于左侧小于基准值，或者右侧大于基准值的，我们直接略过，没有进行操作。当两个指针重合时，自然就完成了左侧小于基准，右侧大于基准的分割。

　　需要注意的是，最终重合的指针此时指向的值应当属于左侧还是右侧呢？我们可以这样思考：

　　由于一开始移动的是右侧的指针，如果最终指针重合的前一步是左边指针右移，那么，当左侧指针移动时，右侧指针必然指向的是一个小于基准的值（否则右侧指针就要持续移动，而左侧指针不动），因此，二者重合与小于基准的值。

　　如果指针重合的前一步是右侧指针左移，则说明左侧指针在静止。而我们分析上面的步骤可以看出，当左侧指针在静止且右指针在移动时，实际上左指针始终指向一个不大于基准的元素（最开始左指针指向基准元素本身，因此等于基准，在移动了一定步骤后，左指针停止移动一定发生在刚刚完成交换后，因此左指针指向的是从右指针交换过来的小于基准值的那个元素。总的来说，左指针停止且右指针移动时左指针指向的一定是一个不大于基准值的元素）。

　　由于指针重合的上一步要么是左指针右移，要么是右指针左移，而在这两种情况下，重合的指针都指向不大于基准值的元素，因此，最终直接将基准值与该元素互换，仍然保证了左侧小于（或等于）基准，而右侧大于基准的原则。

　　由于快速排序中，涉及远距离元素之间的直接交换，而非顺次移动，因此显然是不稳定的。

　　下面，基于原位操作的基准值左右侧分割方法，对快速排序算法进行代码实现，见代码 8-6。

代码 8-6　快速排序

```
1.  def split_by_pivot (arr) :
2.      print ('对 {0} 进行基于 pivot {1} 的分割'. format (arr, arr[0]) )
3.      if len (arr) == 1:
4.          return arr, 0
5.      i = 0
6.      j = len (arr) - 1
7.      pivot = arr[0]
8.      while i < j:
9.          while arr[j]>= pivot and i < j:
10.             j = j - 1
11.         while arr[i]<= pivot and i < j:
12.             i = i + 1
13.         if arr[i]> pivot and arr[j]< pivot:
14.             tmp = arr[i]
```

```
15.            arr[i]= arr[j]
16.            arr[j]= tmp
17.    arr[0]= arr[i]
18.    arr[i]= pivot
19.    print('原位排序将 pivot {0} 排序到位置 {1}'.format(pivot, i))
20.    print('该次排序结果为{0}'.format(arr))
21.    return arr, i
22.
23. def quick_sort (arr) :
24.    if len (arr) == 0:
25.        return[]
26.    sorted_arr, pivot_id = split_by_pivot (arr)
27.    sa_left = quick_sort (sorted_arr[: pivot_id])
28.    sa_right = quick_sort(sorted_arr[pivot_id + 1:])
29.    return sa_left +[sorted_arr[pivot_id]]+ sa_right
```

输出结果如下：

```
初始数组为：[5, 4, 2, 3, 1]
对[5, 4, 2, 3, 1]进行基于 pivot 5 的分割
原位排序将 pivot 5 排序到位置 4
该次排序结果为[1, 4, 2, 3, 5]
对[1, 4, 2, 3]进行基于 pivot 1 的分割
原位排序将 pivot 1 排序到位置 0
该次排序结果为[1, 4, 2, 3]
对[4, 2, 3]进行基于 pivot 4 的分割
原位排序将 pivot 4 排序到位置 2
该次排序结果为[3, 2, 4]
对[3, 2]进行基于 pivot 3 的分割
原位排序将 pivot 3 排序到位置 1
该次排序结果为[2, 3]
对[2]进行基于 pivot 2 的分割
最终排序结果为：[1, 2, 3, 4, 5]
```

8.3　各种排序算法的复杂度

最后，对上面所讲的几种排序算法进行总结，并且逐个分析时间复杂度。下面将待排序数组的长度记作 n。

首先是冒泡排序。结合前面的描述和代码可以看出，冒泡排序由两层循环构成，外层循环表示需要几趟排序，内层循环表示需要进行多少次比较。对于最好的情况，也就是数组本身就是有序的，那么则只需一趟排序即可（当然，这里的前提是算法在每一趟都有判断是否已经有序的操作，并在已经满足有序的情况下及时停止排序）。

这样，最好的情况就是 $O(n)$ 的复杂度，这里的复杂度仅为在一趟排序中进行比较的时间开销。而对于最坏的情况，需要重复 $n-1$ 趟排序（最后一个不需要再比较），对于第一趟排序，需要比较 $n-1$ 次，第二趟则 $n-2$ 次，依此类推，最后一趟需要 1 次。平均下来，每一趟排序需要 $n/2$ 次比较，共有 $n-1$ 趟，因此最终时间复杂度为 $O(n^2)$ 的。因此，对于即近乎逆序的数组，冒泡排序效率相对较低。

冒泡排序只需一个临时存储的位置用来交换元素即可，因此空间复杂度为 $O(1)$。

下面考虑选择排序，选择排序的操作与冒泡排序比较类似，也需要进行 $n-1$ 趟排序，每趟排序都要遍历当前的无序区选出最小值。选最小值的过程在第一趟中需要比较 $n-1$ 次，第二趟需要比较 $n-2$ 次，最后一趟只需比较 1 次，所以它的时间复杂度也是 $O(n^2)$ 定当前位置的元素是无序区最大，因此最好的情况下，比较次数也是 $O(n^2)$ 的。但是，如果本来是有序的，那么选择排序可以不用交换，而即使是逆序，每趟也只用交换一次，即交换最多 $n-1$ 次。平均下来，交换次数是 $O(n)$ 的。而冒泡排序每一次比较都有可能发生交换，如果最坏的情况下，则交换次数与比较次数是同样复杂度，都是 $O(n^2)$。

选择排序仍然只需一个临时空间用于交换，所以空间复杂度也是 $O(1)$。

下面讨论插入排序的复杂度。前面提到过，插入排序与选择排序有一定的相似性，只不过选择排序把比较的过程放在了无序区，而插入排序则把比较的过程放在了有序区。在插入排序中，每取一个元素，都要和有序区中的样本逐个比较，直到找到合适的位置。第一趟排序中，只需比较一次，第二趟排序中，最少比较一次（大于有序区最大值的情况），最多两次（小于有序区最小值），第三趟排序中，最少比较一次，最多比较三次，依此类推，第 k 次排序最少比较一次，最多比较 k 次，平均比较 $(k+1)/2$ 次。而 k 的取值为 1 到 $n-1$。因此，比较操作的平均时间复杂度和最坏情况的时间复杂度都是 $O(n^2)$，最好情况时间复杂度为 $O(n)$。对于交换操作，与选择排序类似，每一趟排序都只需交换一次，因此交换操作的时间复杂度为 $O(n)$。空间复杂度也是临时空间用于交换，所以也是 $O(1)$。

希尔排序的时间复杂度计算较为复杂，涉及较多数学理论内容，而且这个复杂度与间隔序列的取值是有关的。因此这里直接给出结论，那就是希尔排序的时间复杂度是相对于普通的插入排序来说更低的。也就是说，希尔排序的时间复杂度小于平方复杂度。这个结论也容易理解，因为希尔排序一次交换消除多个逆序，因此自然比较和移动的次数要少一些。希尔排序的空间复杂度也是 $O(1)$，即仅需一个临时位置暂存用于交换的数据。

对于归并排序来说，首先可以看到，对于长度为 n 的数组来说，需要归并的次数为 $\log n$[因为每次归并都要对半拆分，总共拆分次数为 ceil（$\log n$）]。在每一次合并中，最坏的情况就是将两个数组的元素全部遍历一遍才结束。由于两个数组的元素之和不超过 n，因此，总的时间复杂度为 $O(n\log n)$。同时，对于归并排序，每一次合并的结果都要进行存储，不再通过交换元素进行，因此归并排序的空间复杂度为 $O(n)$。

最后，对于快速排序，由于快速排序也是由递归的方式进行的，且每一趟排序都需要将当前数组元素遍历一遍（通过左右两个指针），因此和归并排序类似，快速排序的平均时间复杂度也是 $O(n\log n)$。但是在最坏情况下，每次的基准都在数组的某一侧，那么，递归次数就成了 $O(n)$，而对于每次递归，时间复杂度仍然为 $O(n)$，所以最坏情况的时

间复杂度为 $O(n^2)$。

下面关注快速排序的空间复杂度。由于快速排序在每一次递归中都可以使用原位排序的方法，即 $O(1)$ 复杂度的方法。因此，对于平均 $O(\log n)$ 的递归次数来说，空间复杂度平均为 $O(\log n)$，而最坏情况下，递归次数成了 $O(n)$，则空间复杂度也就同样变成 $O(n)$。

第 9 章　树的遍历：深度优先与广度优先

在基本数据结构类型一章中，我们对树这种数据结构已经有了一定的了解。本章探讨和树有关的最基础的算法:树的遍历(traversal)。首先,对树的遍历问题进行介绍。

9.1　树的遍历问题

遍历，是指对某个数据结构中所有元素走完一遍。如果比较严谨地对遍历下一个定义，那就是：按照指定的规则，逐个访问数据结构中的元素，且不重复访问同一个元素。图 9-1 所示为一种可能的树的遍历的过程。

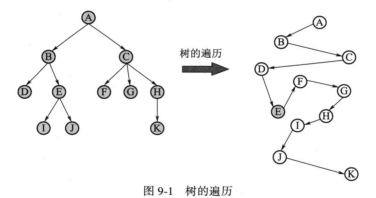

图 9-1　树的遍历

由图 9-1 可以看到，左侧的树结构中的每个元素都被访问到了，且仅访问了一次，没有重复的情况。因此，右侧的这个过程就是对左侧这棵树的一次遍历。

为什么单独对树的遍历进行介绍呢？回想之前讲到的其他数据结构，如数列、链表等，也都可以进行遍历。但是，这一类线性结构的遍历方法是比较单一的，因为按照定义，线性表除头尾元素以外，都只有一个前驱和一个后继，这也就限制了每个元素下一步的走向，从而这类结构都有标准的遍历方式。比如数列，只需按照其下标依次访问即可；而对于链表，只需对每个元素沿着它们指向的下一个元素依次访问即可。

然而树结构有所不同，树的每个节点都可能有多个分支，因此，树可以有多种不同的遍历方式。这里，介绍两种基本的方式：深度优先遍历，或称深度优先搜索（depth first search，DFS），以及广度优先遍历，或称广度优先搜索（breadth first search，BFS）。

9.2　深度优先与广度优先

深度优先搜索和广度优先搜索的主要区别是：深度优先侧重于先沿着树的分支向

更"深"的方向进行探索。而广度优先搜索则侧重于"广度"，即先搜索节点的所有子节点，然后再转向下一层。下面，分别讲解深度优先搜索和广度优先搜索的步骤和实现方法。

9.2.1 深度优先搜索的步骤与实现

图 9-2 所示为深度优先搜索的遍历路径。可以看到，在深度优先的遍历过程中，从根节点出发，首先沿着分支找到最深的点，即最下层的叶子节点，访问完毕后再返回上一层，继续向深处寻找叶子节点进行访问，然后再返回上一层，重复上述操作，直到所有元素都被访问完毕。

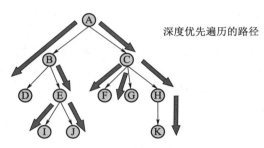

图 9-2　深度优先遍历路径示意

针对图 9-2 所示的这棵树，下面详细分解深度优先遍历的每个步骤，如图 9-3 所示。

结合图 9-3，对深度优先搜索的过程详细说明如下：

深度优先搜索从根节点出发，首先访问到根节点 A。然后，访问根节点的子节点，A 的子节点有 B 和 C 两个，按照顺序选择 B 节点，进行访问。在 B 节点继续向更深处走，于是访问到了 B 的子节点 D。D 为叶子节点，因此无法向更深层继续，于是回退至 B 节点，访问 B 节点的另一个子节点 E。

节点 E 还可以继续向深层遍历，访问到了节点 I，此时节点 I 又是叶子节点，无法继续向深层遍历，于是回退到 E，寻找 E 的其他子节点。于是访问了 E 的下一个子节点 J。J 也是叶子节点，返回 E 后发现，E 的所有子节点都被访问完成，于是继续向上回退，寻找 B 的其他子节点。

节点 B 只有 D 和 E 两个子节点，此时都已经访问完毕，于是再继续回退，到了根节点 A。以 A 的子节点 B 为根节点的子树已经被我们遍历完毕，因此开始访问 A 的下一个子节点 C。从 C 出发，找到子节点 F，F 为叶子节点，回退到 C，找下一个 C 的子节点，即节点 G，G 也是叶子，继续回退找下一个 C 的子节点，此时访问了 H。H 还有一个子节点 K，因此继续访问 K，然后回退至 H，再回退至 C。此时，以 C 为根节点的子树也已经访问完毕。

至此，根节点 A 的全部子节点（连同它们对应的子树）都已经遍历完成了。整个树的深度优先搜索也即实现完毕。

树的深度优先遍历可以通过递归的方式来实现，过程如图 9-4 所示。

下面结合图 9-4，来说明如何通过递归的方式实现深度优先搜索。

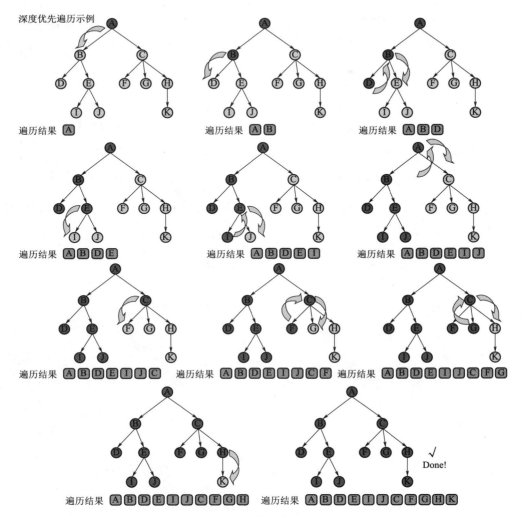

图 9-3 深度优先搜索的遍历过程

首先，将根节点 A 压栈并访问，然后对栈顶元素 A 的子节点递归进行深度优先搜索。A 的子节点是 B 和 C，按照顺序，对 B 进行深度优先搜索。具体的操作方式就是将 B 压栈并访问 B，然后对 B 的子节点继续同样的操作。

B 的子节点是 D 和 E，D 入栈，访问后发现没有子节点，于是在这一路的递归就已结束，将 D 弹栈返回上一层。继续 B 的下一个子节点 E，压栈访问后，E 也没有子节点，于是弹栈返回 B。此时，B 的所有子节点对应的子树都已经用深度优先搜索递归地访问完成了，于是 B 也弹出栈，回到 A 节点。

A 节点下面以 B 为根的子树已经用递归的方式完成了深度优先遍历，下面对以另一个子节点 C 为根的子树进行同样的递归遍历。将 C 入栈，发现 C 已经是一个叶子节点，因此，弹出 C，返回 A 节点。至此，A 节点下的子树都已经完成遍历。将 A 弹出栈，整棵树的遍历完成。

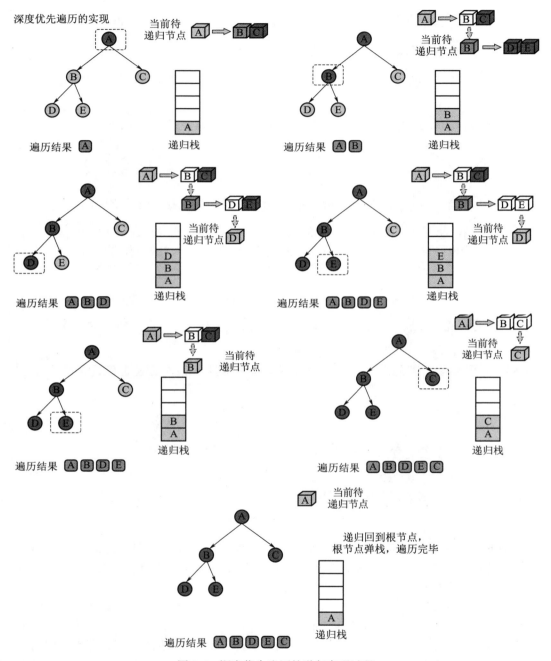

图 9-4　深度优先遍历的递归实现过程

　　简单来说，深度优先遍历的递归实现方法中，所调用的函数应该主要由三步构成：第一步，访问该节点；第二步，找到该节点的所有子节点；第三步，对于每个子节点，分别进行深度优先遍历。

　　根据上面的思路，递归方式实现树的深度优先遍历代码如下（见代码 9-1）。同时，利用递归过程的栈的性质，还可以利用一个栈结构通过迭代（而非递归）的方式完成遍历。

代码 9-1　树的深度优先遍历

```
1.  class TreeNode:
2.      def __init__ (self, val, children=[]) :
3.          self. val = val
4.          self. children = children
5.
6.  # 递归实现 DFS
7.  def DFS_recursive (root) :
8.      if not root:
9.          return[]
10.     res =[root. val]
11.     for child in root. children:
12.         sub_res = DFS_recursive (child)
13.         res += sub_res
14.     return res
15.
16. # 利用栈实现 DFS
17. def DFS_by_stack (root) :
18.     if not root:
19.         return[]
20.     res =[]
21.     stack =[root]
22.     while stack:
23.         # 出栈并访问
24.         cur_node = stack. pop (0)
25.         res. append (cur_node. val)
26.         # 入栈，注意顺序，需要后进先出
27.         stack = cur_node. children + stack
28.     return res
29.
30. def BFS_by_queue (root) :
31.     if not root:
32.         return[]
33.     res =[]
34.     queue =[root]
35.     while queue:
36.         cur_node = queue. pop (0)
37.         res. append (cur_node. val)
38.         # 更新队列，注意顺序保证先进先出
39.         queue = queue + cur_node. children
40.     return res
```

```
41.
42. # 构建一棵测试用树
43. node1 = TreeNode (1)
44. node2 = TreeNode (2)
45. node3 = TreeNode (3)
46.
47. node4 = TreeNode (4, children=[node1, node2, node3])
48. node5 = TreeNode (5)
49.
50. root = TreeNode (6, children=[node4, node5])
51.
52. res = DFS_recursive (root)
53. print (f"递归 DFS 结果: {res} ")
54.
55. res = DFS_by_stack (root)
56. print (f"结合栈的迭代 DFS 结果: {res} ")
```

输出结果如下：

```
57. 递归 DFS 结果: [6, 4, 1, 2, 3, 5]
58. 结合栈的迭代 DFS 结果: [6, 4, 1, 2, 3, 5]
```

9.2.2　广度优先搜索的步骤与实现

　　广度优先搜索的基本原则就是优先照顾节点的"广度"。广度是指节点的所有子节点，也就是说，对于每个节点，优先将它的所有子节点进行遍历，所有子节点遍历完成后再向下一层进行。广度优先搜索的访问路径如图 9-5 所示。

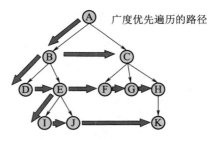

图 9-5　广度优先遍历路径示意

　　广度优先遍历的方式是从根节点（图中的 A 节点）出发，首先依次访问根节点的所有子节点（图中的 B 和 C），访问完成后，再访问 B 和 C 的子节点的集合，即 D 到 H 这 5 个节点。完成后，再访问这 5 个节点的子节点（本身是叶子节点的直接跳过），即 I、J 和 K。这三个节点都是叶子节点，不再有子节点，于是遍历完成。整个过程如图 9-6 所示。

　　广度优先遍历可以通过队列的方式来实现。按照先进先出（FIFO）的顺序访问节点，并且将访问到的节点的子节点（如果有的话）入队。重复上述操作，直到队列为空，说明完成了整棵树的遍历。

　　下面通过一个示例，说明利用队列实现广度优先遍历的操作流程（见图 9-7）。

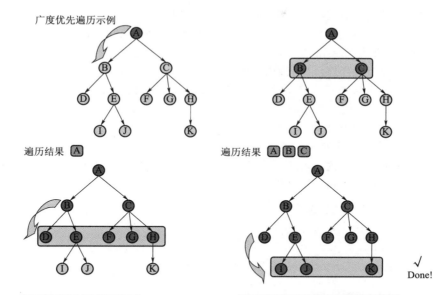

图 9-6　广度优先搜索的遍历过程

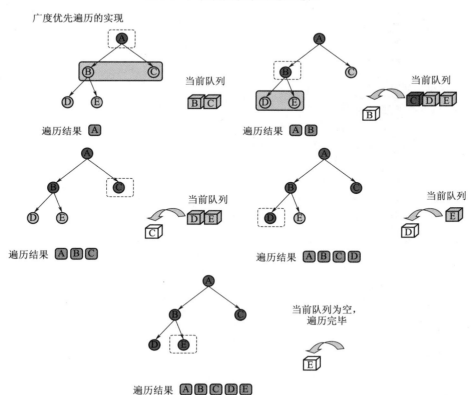

图 9-7　广度优先遍历的队列实现

131

　　首先，访问根节点 A，将其入队列。从队列中取出一个元素（此时只有 A），访问该元素，然后找到该元素的子节点，将子节点入队（B 和 C）。此时，已遍历完成的节点为 A，队列中的节点为 B 和 C。

　　继续重复上述操作，从队列中取出队首元素 B，访问 B 节点，并将 B 节点的子节点 D 和 E 入队。接下来访问队首元素 C，C 为叶子节点，因此不需要入队。此时队中元素为 D 和 E，已经遍历完成的节点顺序为 ABCD。

　　继续将 D 出队并访问，D 也是叶子节点，无子节点，不需要入队。然后从队列中取出 E，并进行访问，E 为叶子节点，无子节点入队。此时，队列为空，说明已经全部遍历完成。这棵树采用广度优先遍历方法得到的节点输出顺序为：ABCDE。

　　下面按照这个思路，用代码对广度优先搜索进行实现，见代码 9-2。

代码9-2　树的广度优先遍历

```
1. def BFS_by_queue(root):
2.     if not root:
3.         return[]
4.     res =[]
5.     queue =[root]
6.     while queue:
7.         cur_node = queue. pop (0)
8.         res. append (cur_node. val)
9.         # 更新队列，注意顺序保证先进先出
10.        queue = queue + cur_node. children
11.    return res
12.
13. # 构建一棵测试用树
14. node1 = TreeNode (1)
15. node2 = TreeNode (2)
16. node3 = TreeNode (3)
17.
18. node4 = TreeNode (4, children =[node1, node2, node3])
19. node5 = TreeNode (5)
20.
21. root = TreeNode (6, children =[node4, node5])
22.
23. res = DFS_recursive (root)
24. print (f"递归 DFS 结果:{res} ")
25.
26. res = DFS_by_stack (root)
27. print (f"结合栈的迭代 DFS 结果:{res} ")
28.
29. res = BFS_by_queue (root)
30. print (f"利用队列实现 BFS 的结果:{res} ")
31.
```

输出结果如下：

利用队列实现 BFS 的结果：[6, 4, 5, 1, 2, 3]

9.2.3　两种遍历策略的进一步讨论

前面已经介绍了深度优先搜索和广度优先搜索这两种遍历策略，接下来，对这两种遍历策略进行讨论。

从算法思路上来讲，深度优先采用一种递归的方式，即先遍历根节点，然后深度优先遍历根节点的左子树，左子树中的节点全部遍历完成后，再同样采用深度优先的方式遍历右子树。将这个过程递归地进行下去，最终两个子树成为叶子节点，此时只需访问即可。而广度优先搜索则不同，广度优先的策略不需要递归地进行，而是每次将所有的子节点都遍历一遍，并找到它们的子节点，继续重复上述操作。

从实现上来说，深度优先搜索可以通过栈来实现（递归栈），而广度优先遍历则利用了队列的数据结构进行实现。

深度优先搜索和广度优先搜索不但可以被用于对树进行遍历，也可以对图中的顶点进行遍历。实际上，这两种算法本身就是图论中的重要方法，由于树也可以视为一种特殊的图结构，因此可以适用这两种遍历方法。通过对树的深度优先遍历和广度优先遍历的讲解，我们其实也不难推广到图的遍历中去。图的遍历和树的遍历最大的区别是，图没有树的这种层次关系，因此，之前遍历到的某个顶点，可能在后面的遍历中又遇到。在图的深度优先遍历与广度优先遍历中，有以下几个方面与树的遍历不同：

第一，不管是深度优先遍历还是广度优先遍历，应用在树结构时，对每个节点取的是子节点。而在图结构中，对于每个顶点，应当取其相邻的未访问过的顶点。

第二，对于树的深度优先遍历来说，递归返回的条件是该节点是叶子节点，没有子节点。而对于图的深度优先遍历来说，这个条件应该被推广为：该节点没有未访问过的相邻顶点。同样的，对于广度优先遍历也是如此，树的广度优先遍历中，在当前节点有子节点时，访问后将该节点的子节点入队，而在图的广度优先遍历中，在当前顶点有未访问过的相邻顶点时，将这些未访问过的顶点入队。

第三，由前两点可以看出，在图的遍历过程中，在很多地方需要用到顶点的"是否已访问过"来做判断，因此，需要在遍历图的顶点的过程中，维护一个已访问过顶点的列表，或者说，为每个顶点维护一个是否已访问的标志位。而树由于其自身的层次结构，并不需要该操作。

9.3　二叉树的遍历

前面讲解了深度优先遍历和广度优先遍历这两种树的遍历方式，并讨论了二者的思路，以及在图的遍历中的推广和区别。二叉树作为一种特殊的树，它的每个节点都有最多两个子节点，因此在遍历过程中，可以根据子节点和根节点的访问顺序，将深度优先搜索细分成先序、中序和后序遍历。下面分别进行介绍。

9.3.1　先序遍历、中序遍历和后序遍历

和一般的树相比，二叉树的特点在于其最多有两个子节点，即左子节点和右子节点。而一般的树由于子节点数目不固定，因此无法区分左和右。因此，二叉树的深度优先遍历可以有三种不同的形式，那就是先序遍历（pre-order traversal）、中序遍历（in-order traversal）和后序遍历（post-order traversal）。先序遍历如图9-9所示。

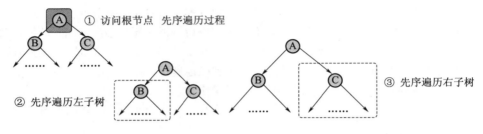

图 9-8　二叉树的先序遍历

二叉树的先序遍历也是通过递归的方式实现的，首先，对根节点进行访问（这和之前的深度优先遍历过程一致），然后，对左子树进行先序遍历（递归操作），最后再对右子树进行先序遍历，从而完成了整棵树的遍历。

"先序"遍历是指在每一次递归过程中，根节点"先"进行访问。依此类推，中序遍历就是根节点在遍历两棵子树之间访问，而后续遍历则是左子树遍历和右子树遍历全部完成以后，最后访问根节点。中序遍历与后序遍历的过程如图9-9所示。

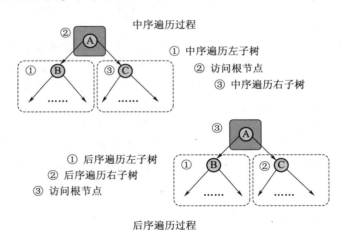

图 9-9　中序遍历与后续遍历的过程

对于前面讲的广度优先遍历，在二叉树中和在普通的树中的实现方式并无太大区别，因此，此处不再赘述。由于二叉树的广度优先实际上是逐层遍历的，因此有时与前序、中序、后序遍历并称，称为层序遍历（level-order traversal）。

下面对二叉树的先序、中序和后序遍历进行代码实现，见代码9-3。

代码 9-3　先序、中序和后序遍历

```python
1. class BinaryTreeNode:
2.     def __init__(self, val, left=None, right=None):
3.         self.val = val
4.         self.left = left
5.         self.right = right
6.
7. def preorder_traverse(root):
8.     if not root:
9.         return[]
10.     left_res = preorder_traverse(root.left)
11.     right_res = preorder_traverse(root.right)
12.     return[root.val]+ left_res + right_res
13.
14. def inorder_traverse(root):
15.     if not root:
16.         return[]
17.     left_res = inorder_traverse(root.left)
18.     right_res = inorder_traverse(root.right)
19.     return left_res +[root.val]+ right_res
20.
21. def postorder_traverse(root):
22.     if not root:
23.         return[]
24.     left_res = postorder_traverse(root.left)
25.     right_res = postorder_traverse(root.right)
26.     return left_res + right_res +[root.val]
27.
28. node1 = BinaryTreeNode(1)
29. node2 = BinaryTreeNode(2)
30.
31. node3 = BinaryTreeNode(3, left=node1, right=node2)
32. node4 = BinaryTreeNode(4)
33.
34. root = BinaryTreeNode(5, left=node4, right=node3)
35.
36. pre_res = preorder_traverse(root)
37. in_res = inorder_traverse(root)
38. post_res = postorder_traverse(root)
39.
40. print("前序遍历结果：", pre_res)
41. print("中序遍历结果：", in_res)
42. print("后序遍历结果：", post_res)
```

输出结果如下：

```
前序遍历结果：[5, 4, 3, 1, 2]
中序遍历结果：[4, 5, 1, 3, 2]
后序遍历结果：[4, 1, 2, 3, 5]
```

9.3.2　从遍历结果恢复二叉树结构

在本章的最后，探讨这样一个问题：如果已知二叉树的某种遍历结果（对所有节点按照某个顺序的一个列表），能否将二叉树的结构恢复出来？

我们直观地来考虑，对于一棵普通的树，仅仅根据它的深度优先或者广度优先的遍历结果，显然是无法将其恢复出来的，因为我们无法确定每层分别有几个节点。而二叉树则不同，它具有较强的限制，对于每个非叶子节点的节点，都能分出左右子树（可能缺失其一）。因此，可以预料，二叉树可以通过遍历结果中的信息来恢复出其原有的结构。下面，用一个例子来说明如何进行恢复。

如图9-10所示，我们给出了一棵二叉树的先序遍历和中序遍历结果（显然，只有一种遍历结果是无法恢复的，即有歧义的，读者可以自行试着举例看看）。那么，如何通过这两个遍历结果构建出原本的二叉树呢？

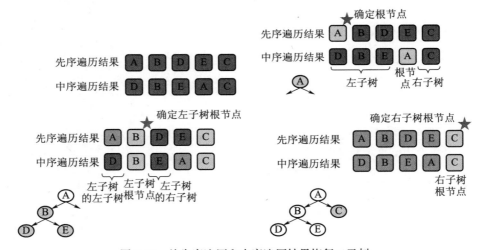

图9-10　从先序遍历和中序遍历结果恢复二叉树

从遍历结果可知，这棵二叉树共有 5 个节点。首先，需要确立根节点是哪个。这时我们从先序遍历的结果入手，先序遍历中，对整棵树的根节点进行访问，因此，A 就是这棵树的根节点。已知根节点是 A，我们再看中序遍历的结果。由于中序遍历将根节点的访问过程放在左子树遍历和右子树遍历之间，因此，A 的坐标的 DBE 三个节点都来自根节点的左子树，而 C 则来源于右子树。

我们从左子树开始，再确定左子树的根节点。考虑先序遍历中，访问完毕根节点后，就继续先序遍历左子树。因此，对于 DBE 三个节点构成的左子树，按照先序遍历的方式，仍然第一个访问的是左子树的根节点。从先序遍历结果中，找到第二个元素，即为左子树的根节点，即 B 节点。将这个结论代入中序遍历结果中，即可发现左子树的根节点为 B，B 的左子树为 D 节点，而 B 的右子树为 E 节点。由于仅有一个节点，不需要继续上述步骤，因此整棵树的根节点的左子树的结构已经确定了。

下面对整棵树的根节点的右子树进行同样的操作即可。将先序遍历结果中的左子树部分的节点全部去掉，剩下的第一个就是右子树的根节点，依此类推。在该例中，右子树只有一个节点 C，因此直接连接到根节点的右边，即确定了右子树的结构。

至此，左右子树都已经处理完毕，整棵树的结构也得到了恢复。这里举的例子是先序遍历和中序遍历的结果，对于后序遍历和中序遍历的结果，处理方式也是类似的，只不过后序遍历找根节点要从后向前找。即最后一个元素为整棵树的根，而倒数第二个元素为整棵树根节点右子树的根（如果右子树存在），依此类推。只要理解了先序遍历和后序遍历的递归过程，结合中序遍历结果区分左右子树，就不难推出每棵子树的根节点，并逐步恢复出整棵树的结构。

在前面的例子中，我们都借助了中序遍历的结果来确定每一步的根节点位置，并划分左右子树。那么，另外一个问题来了：如果只拿到了前序遍历和中序遍历的结果，能否恢复出树的结构呢？

我们来看图 9-11。这里展示了先序遍历和后序遍历结果都相同，但是二叉树的结构不同的情况。对于同一组先序遍历和后续遍历结果，由于这几种树结构中左子节点或右子节点的缺失，使得我们无法判断节点的位置（是左子节点还是右子节点）。因此，仅通过先序遍历和后续遍历结果无法将树的结构正确（唯一）地恢复出来。从另一个角度来说，中序遍历结果中对于左右子树中节点集合的划分，对于树结构的恢复是必要的。

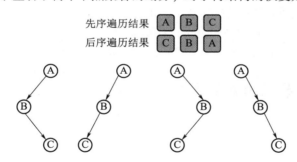

图 9-11 先序遍历和后序遍历结果相同的不同二叉树

第 10 章　图的最短路径算法

在第 2 章中，我们已经了解图（graph）这种数据结构。本章介绍关于图的一类重要问题：最短路径问题，以及处理这类问题的几种算法。首先，我们来了解什么是图的最短路径问题。

10.1　图的最短路径问题

设想你想从某个地点，需要经过一系列的街道走到另外一个地点，问：应该怎样走才能更近？如果我们将每个地点视为一个顶点（vertex，或节点 node），每条街视为顶点之间的一条边（edge），把每条街道的长度作为这条街所对应边的权重（weight），我们就有了一个带权图，而"怎样走路程更短"这个问题，就变成了"如何找到图上两点之间权重之和最短的路径"的问题了。类似的例子还有：对于连接在同一个网络中的计算机，它们需要通过许多路由器组网进行通信。这些路由器就构成了一个图结构，如果将两个相连的路由器之间传输的时间延迟作为权重，那么，就可以通过求解图的最短路径问题，找到一个最适合的信息传输通道，从而以更低的时延在两台计算机之间传输数据。

可以看出，研究图的最短路径算法，是很有实际意义的。我们一般将出发的那个顶点称为源（source），根据源点的数量，可以将最短路径问题分为两种：单源最短路径问题和多源最短路径问题。下面，我们从一个最经典的算法——Dijkstra 算法说起。

10.2　非负权单源最短路径的 Dijkstra 算法

Dijkstra 算法的提出者是著名的荷兰计算机科学家 Dijkstra，相传这个算法的发明是在 Dijkstra 与未婚妻在喝咖啡的间歇，思考两座城市的最短路径的问题时，花了 20 分钟想出来的。也正因如此，Dijkstra 算法非常简洁优雅，实现起来也很清楚明白。下面，我们来简单了解这个算法的思路和步骤。

我们要知道，和 Dijkstra 最初思考的那个城市间最短路径问题类似，该算法解决的是非负权边的单源最短路径问题。也就是说，图中的边的权重需要都是非负数。我们通常提到的 Dijkstra 算法是用于给定一个源，求解该源点到所有其他顶点的最短路径。该算法的基本思路：首先，找到一个已经确定了最短路径的顶点，然后，用这个顶点对所有和它有边相连的未被确定最短路径的顶点进行松弛操作。将这一过程重复进行，直到所有点都找到最短路径。

松弛操作（relaxation）是什么意思呢？假设源点记作 S，从 S 到顶点 A 的最短路径当前的估计记作 $d(S, A)$。同理，从 S 到另一个顶点 B 的最短路径估计记作 $d(S, B)$。假设从 A 到 B 有边连接，边权重为 w（如果无边连接，可视为权重 w = +∞）。我们希望对这条边进行松弛操作，也就是说，想试一下是否可以通过从 A 到 B 的这条边，对 B 的最短路径的估计进行优化。这个操作需要对 $d(S, A) + w_{AB}$ 与 $d(S, B)$ 的大小进行对比。如果 $d(S, A) + w_{AB} < d(S, B)$，这说明从 S 到 B 的路径中，如果先"途径"A，那么所走的路程会更短。因此，当前的 S 到 B 的最短路径估计就不是最短的，我们就将更短的 $d(S, A) + w_{AB}$ 赋值给 $d(S, B)$。简单来说，就是：

$$d(S, B) = \min\{d(S, B), d(S, A) + w_{AB}\}$$

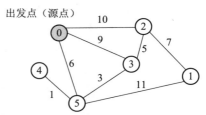

图 10-1　Dijkstra 算法示例图（非负带权图）

下面来看 Dijkstra 算法的整体流程。以图 10-1 为例，其中节点 0 为源点，通过 Dijkstra 算法求解 0 到其他点的最短路径。

为了方便后续查找，先写出边权重矩阵。矩阵中的 (i, j) 位置存储的是顶点 i 到顶点 j 的边的权重。对于无边相连的，权重记作∞。

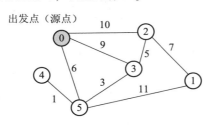

图 10-2　示例图及其边权重矩阵

在开始正式计算之前，先来维护两个数组，一个数组 d 用来存放以各个顶点为终点的当前的最短路径长度估计（并不一定是真实的最短路径长度），另一个数组 pre 用来存放各个顶点作为终点的前驱节点，即经由那个顶点到达该终点。将这两个数组初始化：最短路径长度估计的数组 d 只需将边权重矩阵中对应以 0 为出发点的那一行拿过来即可；而 pre 数组要和 d 数组对应，由于 d 现在存储的都是从 0 出发到达该顶点的距离，因此除了 pre[0] 以外，前驱都是 0。此外，还需要维护一个集合 S，用来存放已经确定了真实的最短路径的节点。集合 S 初始化为只有源点 0 的集合，如图 10-3 所示。

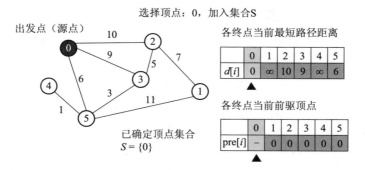

图 10-3　维护并初始化 S 以及 d 和 pre 数组

由于 0 是已确定的节点，因此我们从源点 0 出发，找到它所连接的顶点，即顶点 2，3，5。其中，路径最短的为顶点 5，d（0，5）= 6。于是，我们可以确定，到达顶点 5 的最短路径就是 6。（思考一下为什么？如果有另一条路可以从 0 出发"绕回"顶点 5，那么这条路必然经过 2 或者 3，由于到达 2 或者 3 的路径已经比直接到达 5 更长，而且图中没有负权边，因此这样的路径不会比直接到达 2 或者 3 更短。换句话说，不存在其他可能更短的到达 5 的路径）于是，顶点 5 就被加入"已确定顶点集合" S 中，如图 10-4 所示。

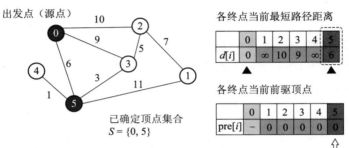

图 10-4　第一次松弛：从源点选择权重最小的边和对应的顶点

接下来，利用已经确定下来的顶点 5 对其邻点进行松弛。如图 10-5 所示，和 5 相邻的是顶点 1，3，4，其中，1 经过松弛后路径变短，从 $d[1] = \infty$ 变为 $d[1] = 17$；同理，$d[4]$ 变成了 7，此时它们的前驱顶点也变成了 5。而顶点 3 由于经过顶点 5 和直接到达路径都是 9，因此 $d[3]$ 保持不变。此次松弛操作后，未确定的顶点中，路径最短的是 $d[4] = 7$，因此，顶点 4 的最短路径已确定。将 4 加入集合 S 中。

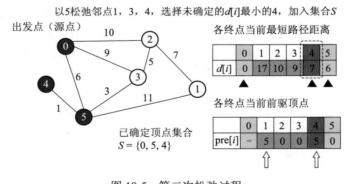

图 10-5　第二次松弛过程

继续下一次循环。4 没有未确定的邻点可以松弛。找到未确定的顶点中 $d[i]$ 最小的顶点 3，放入已确定顶点集合 S 中，如图 10-6 所示。

接下来，以顶点 3 对邻点 2 松弛，由于经过 3 到达 2 的路径距离大于直接到达 2 的距离，因此 $d[2]$ 不变。选择未确定的顶点中 $d[i]$ 最小的，即顶点 2，将其加入集合 S，如图 10-7 所示。

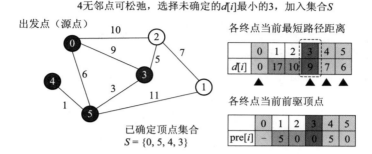

图 10-6　第三次松弛过程

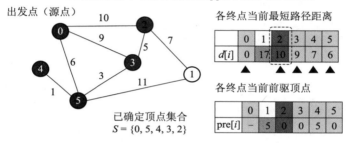

图 10-7　第四次松弛过程

接下来，以顶点 2 对邻点 1 进行松弛，松弛完成后，顶点 1 的最短路径长度也已经确定，将其加入集合 S。如图 10-8 所示，此时算法完成，从源点 0 到所有其他顶点的最短路径已经计算完毕，长度保存在数组 d 中，路径可以通过 pre 数组得到。

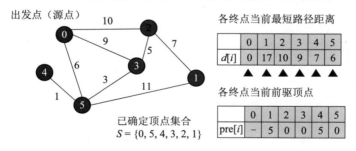

图 10-8　最后一次循环，算法完成

上述 Dijkstra 算法的代码实现见代码 10-1。我们用与上例相同的图对函数进行测试。

代码 10-1　Dijkstra **算法求解单源最短路径**

```
1. def Dijkstra_ shortest_path (G, start_v) :
2.     num_v = len (G)
3.     #记录是否已经被用来松弛
```

```
4.      unvisited =[i for i in range (num_v) ]
5.      # 当前的源点 start_v 到各顶点的距离数组
6.      dist =[float ('inf') for _ in range (num_v) ]
7.      # 到达该节点的上一个节点
8.      previous =[-1 for _ in range (num_v) ]
9.
10.     # 用源点初始化
11.     dist[start_v]= 0
12.     previous[start_v]= start_v
13.
14.     # 进行松弛，次数为顶点个数
15.     for i in range (num_v) :
16.         print (f'{i} th relaxation')
17.         # 找到最小距离的顶点，用来松弛
18.         cur_v = min (unvisited, key=lambda v: dist[v])
19.         unvisited. remove (cur_v)
20.         # 遍历其他节点，如果距离可以被缩小，则进行更新并记录
21.         for j in range (num_v) :
22.             if j ! = cur_v and G[cur_v][j]< float ('inf') :
23.                 if dist[cur_v]+ G[cur_v][j]< dist[j]:
24.                     dist[j]= dist[cur_v]+ G[cur_v][j]
25.                     previous[j]= cur_v
26.                     print (f'{cur_v} → {j} ')
27.
28.     return dist, previous
29.
30. inf = float ('inf')
31. Graph =[[0, inf, 10, 9, inf, 6],
32.         [inf, 0, 7, inf, inf, 11],
33.         [10, 7, 0, 5, inf, inf],
34.         [9, inf, 5, 0, inf, 3],
35.         [inf, inf, inf, inf, 0, 1],
36.         [6, 11, inf, 3, 1, 0]]
37.
38. starter = 0
39. dist, previous = Dijkstra_shortest_path (Graph, starter)
40. print (f"源点 {starter} 到各个顶点的距离列表：{dist} ")
41. print (f"最短路径中各顶点的上一个顶点列表：{previous} ")
42.
```

运行结果如下：

```
0th relaxation
0 →2
0 → 3
0 → 5
1th relaxation
5 → 1
5 → 4
2th relaxation
3th relaxation
4th relaxation
5th relaxation
源点 0 到各个顶点的距离列表：[0, 17, 10, 9, 7, 6]
最短路径中各顶点的上一个顶点列表：[0, 5, 0, 0, 5, 0]
```

　　虽然 Dijkstra 算法简单易操作，但是在前面的叙述中只论证了第一步找到的确定是最短路径，而之后的循环中，为何每次松弛后找到的 $d[i]$ 最小的那个就已经可以确定是真实的最短路径呢？（想到我们其实并未对所有的可能路径都遍历后取最小值）

　　下面就来简单论证这个过程的正确性。实际上，和第一步相同，后续步骤的成立也是利用了图中的边权重都是非负数这一性质。如图 10-9 所示，记源点为 src，集合 S 以外的（未确定真实最短路径的）顶点中，$d[i]$ 最小的一个顶点记作 u。由于在之前的若干次松弛中，我们只用了集合 S 中的顶点对 u 进行松弛，那么，u 的前驱一定也在集合 S 中。我们需要论证的就是这样一条路径（src→ u）必然是从 src 到 u 的真实最短路径（记作 true_$d[u]$），即对于 $d[u] = \min_{i, i\, not\, \in\, S} d[i]$，有 $d[u] = $ true_$d[u]$。

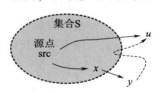

图 10-9　Dijkstra 有效性的论证示意

　　这个论证的实际意义在于说明，对于顶点 u，虽然没有遍历所有的路径，只是用了集合 S 内的顶点对其进行松弛（从 src 到 u 的路径上的所有顶点都是在 S 内的），此时得到的 $d[u]$ 就已经是所有路径的最小值，即 true_$d[u]$ 了。我们不妨采用反证法的思路，假设最短路径长度 true_$d[u]$ 来自另一条路径（$d[u] > $ true_$d[u]$），其中有顶点不在 S 内，将第一个不在 S 内的顶点记为 y，其前驱为 x，x 在 S 内。于是有 true_$d[u] = $ true_$d[y] + d\_path[y, u]$（$d\_path[y, u]$ 表示从 y 到 u 的那部分路径的长度，这部分路径可以经过 S 中的顶点，也可以不经过，但是由于 y 和 u 不是同一个顶点且无负权边，因此有 $d\_path[y, u] >= 0$）。

　　考虑从 src 到 y 的最短路径中，除 y 以外的所有顶点都在 S 中，而且 src→⋯→ x→y 这条路径是从 src 到 u 的真实最短路径的一部分，因此必然也是最短的，即 $d[y] = $ true_$d[y]$。那么，可以如下推导：true_$d[u] = d[y] + d\_path[y, u] >= d[u] + d\_path[y, u]$（由于 u 是非 S 中的 $d[i]$ 最小的）$>= d[u]$（由于 $d\_path[y, u] >= 0$）。也就是说，$d[u] <= $ true_$d[u]$，这与之前的假设矛盾，这说明通过 Dijkstra 算法，每次找到的非 S 中的 $d[i]$ 值最小的顶点所对应的最短路径长度的估计，就是该顶点真实的最短路径长度。Dijkstra 算法的正确性得证。

10.3　多源最短路径 Floyd-Warshall 算法

Dijkstra 算法可以有效地解决单源最短路径问题，而对于多源最短路径，即计算每两个点之间的最短路径问题，也有一种经典算法，即 Floyd-Warshall 算法（下面简称为 Floyd 算法）。该算法比 Dijkstra 算法还要简洁，其核心代码就是三层循环和每次循环进行的松弛操作。下面，用一种启发式的方法，来讨论 Floyd 算法的基本思路。

既然要求解多源最短路径问题，那么就需要对于每一对顶点 (i, j) 进行考虑。我们这样来思考这个问题，从 i 到达 j 的最短路径要经过一系列的顶点（当然，也可能 i 和 j 直接相连最短，这个作为基础情况），如果我们限制从 i 到 j 的路径中，只能经过顶点 0，那么，这个问题就变得简单了，因为最短路径无非就是两种情况：$i{\rightarrow}0{\rightarrow}j$ 或者 $i{\rightarrow}j$。此时，最短路径长度就是二者中的最小值。

沿着这个思路继续走下去：如果允许经过顶点 0 和 1，那么，需要考察的情况就变多了，因为此时需要考虑：经过 0 还是不经过 0？然后再考虑：经过 1 还是不经过 1？这时我们发现，经过还是不经过 0 这个情况其实在前面已经考虑过了，取到最小值的路径如果是 $i{\rightarrow}0{\rightarrow}j$ 那就代表经过 0，而如果是 $i{\rightarrow}j$ 则代表不应该经过 0。基于这个结果，我们只需考察是否经过 1 即可。也就是说，以上面的结果为基础，将经过 1 与不经过 1 的结果算出来，并取最小值即可。

依此类推下去，我们发现了一个递推关系：如果我们知道了当中介顶点必须从 $M = \{0, 1, 2, \cdots, k-1\}$ 这个集合中选择时，从 i 到 j 的最短路径，即可以此为依据，计算出中介顶点从 $M \cup \{k\}$ 这个集合中选择时的最短路径。这就是 Floyd 算法的基本思路，该算法利用动态规划的递推思路，将 k 从 1 逐渐扩大到 $|V|$（顶点总数），从而得到原问题（中介顶点可以为所有顶点）的解。

我们来试着写出这个递推关系：记 $d^k(i, j)$ 为中介顶点为 $\{0, 1, 2, \cdots, k\}$ 时，i 到 j 的最短路径长度，那么，这条最短路径只有两种可能：（1）不包含顶点 k；（2）包含顶点 k。下面进行分类讨论。

（1）不包含顶点 k：这种情况下，i 到 j 的最短路径就等于中介顶点为 $\{0, 1, 2, \cdots, k-1\}$ 时 i 到 j 的最短路径。于是 $d^k(i, j) = d^{k-1}(i, j)$。

（2）包含顶点 k：这种情况下，i 到 j 的最短路径可以分成两段：i 到 k 的最短路径和 k 到 j 的最短路径（一个特殊的情况就是 k 等于 i 或者 j，这个不影响讨论）。其中，i 到 k 的最短路径中除了终点不可能再出现 k，因此最短路径长度就是 $d^{k-1}(i, k)$，同理，k 到 j 的最短路径长度 $d^{k-1}(k, j)$。因此，该情况下 i 到 j 的最短路径长度就是 $d^k(i, j) = d^{k-1}(i, k) + d^{k-1}(k, j)$。

综合上面的两种情况，由于要求最短路径长度，取二者最小值，即可得到递推关系式如下：

$$d^k(i, j) = \min\{d^{k-1}(i, j), \ d^{k-1}(i, k) + d^{k-1}(k, j)\}$$

之前已经讲过了动态规划问题的处理方法，除递推关系外，还需要找到初始状态。在这里，初始状态即中介顶点为空，即不经过任何中介，直接从 i 到 j 的路径长度，其实就是边权重。i 和 j 无边连接时，长度为 ∞，$i = j$ 时，长度设为 0。

下面，通过一个例子来完整地应用 Floyd 算法，求解任意两顶点之间的最短路径，如图 10-10 所示。

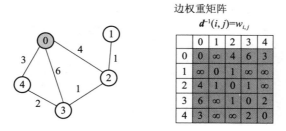

图 10-10　Floyd 算法示例

首先，用边权重矩阵 d 进行初始化，得到 d^{-1}。然后，从顶点 0 开始，依次对所有顶点对进行松弛，如图 10-11 所示。

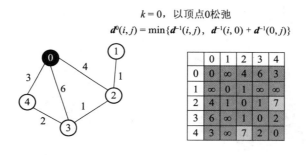

图 10-11　以顶点 0 松弛后的最短路径矩阵

可以看出，通过顶点 0 松弛，2 到 4 的路径变短了。最开始由于 2 和 4 之间无边连接，因此 $d\ (2，4) = \infty$，此时，经过顶点 0，二者的路径长度变成了 7。除此之外，其他顶点对之间的最短路径没有发生改变。该矩阵即为 d^0。以此为基础，继续下一轮松弛，如图 10-12 所示。

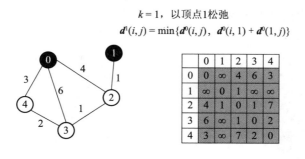

图 10-12　以顶点 1 松弛后的最短路径矩阵

由图 10-12 可以看出，由于顶点 1 没有沟通其他顶点对，因此，该次松弛全部保持了之前的结果。继续进行下一次松弛，即通过顶点 2 更新最短路径矩阵，如图 10-13 所示。

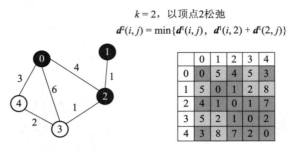

图 10-13　以顶点 2 松弛后的最短路径矩阵

结合图结构可以看出，通过顶点 2，有几对顶点被有效地松弛了。比如，从 0 到 1 的最短路径，如果只以 0 和 1 为中介，因为它们无边相连，因此距离是∞；而经过 2 作为中介，从 0 到 1 的最短路径变成了 5。同理，1 和 4 之间本来也无边直接相连，但是通过 0，1，2 这些中介，有了一条 1→2→0→4 的路径，其长度为 8。顶点 0 和 3 之间，以及 1 和 3 之间也是类似的情况。下面，以顶点 3 对当前的最短路径矩阵进行松弛，如图 10-14 所示。

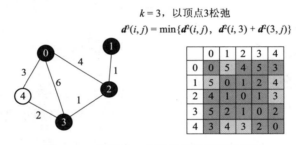

图 10-14　以顶点 3 松弛后的最短路径矩阵

由图 10-14 可以看出，顶点 1 和 4 之间，以及顶点 2 和 4 之间的最短路径长度得到了修正。以 2 到 4 为例，之前只考虑经过 0，1，2，没有考虑顶点 3，因此最短路径就是 2→0→4，长度为 4+3 = 7。而如果可以经过顶点 3，那么新路径 2→3→4 的长度为 1+2 = 3，比之前路径更短，因此更新 $d(2, 4) = 3$。最后，只剩下顶点 4，以此顶点进行松弛，发现没有让其他顶点对之间的距离变短。此时所有的顶点都被加入了中介顶点集合中，因此所有情况都被考虑到，算法结束，当前的最短路径矩阵就是最终的结果，如图 10-15 所示。

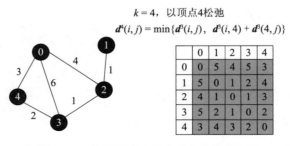

图 10-15　全部顶点遍历完成后的最终结果

下面，用代码实现 Floyd 算法求解多源最短路径的过程，并以上面的示例图进行测试，见代码 10-2。

代码 10-2　Floyd–Warshall 算法求解最短路径

```
1. def Floyd_shortest_path (G) :
2.     num_v = len (G)
3.     dist = G. copy ()
4.     for k in range (num_v) :
5.         for i in range (num_v) :
6.             for j in range (num_v) :
7.                 if dist[i][k]+ dist[k][j]< dist[i][j]:
8.                     dist[i][j]= dist[i][k]+ dist[k][j]
9.     return dist
10.
11. inf = float ('inf')
12. Graph =[[0, inf, 4, 6, 3],
13.         [inf, 0, 1, inf, inf],
14.         [4, 1, 0, 1, inf],
15.         [6, inf, 1, 0, 2],
16.         [3, inf, inf, 2, 0]]
17.
18. dist = Floyd_shortest_path (Graph)
19. for i in range (len (dist) ) :
20.     print (dist[i])
```

运行结果如下：

```
[0, 5, 4, 5, 3]
[5, 0, 1, 2, 4]
[4, 1, 0, 1, 3]
[5, 2, 1, 0, 2]
[3, 4, 3, 2, 0]
```

可以看出，运行结果与上面的结果一致。这里用无向图举例子，有向图的处理方法类似，只是此时边权重矩阵将不再是一个对称矩阵。实际上，可以将无向图视为双向都有边连接的有向图，如图 10-16 所示。

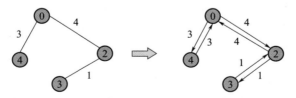

图 10-16　有向图与无向图的关系

另外，还需要注意的是，Floyd 算法并不像 Dijkstra 算法那样要求边权重非负。换句话说，Floyd 算法可以被用于具有负权边的图中，但是要保证图中没有负权环路。图 10-17（a）虽有负权边（2 → 0 权重–4），但是没有负权环路；图 10-17（b）具有一个负权环路（2 → 3 → 0 → 2，环路的权重总和为 7–10+2 =–1，为负数）。实际上，不能有负权环路这个要求很容易理解，因为如果有了权重之和为负数的环路，那么多经过一次这个环，路径上的权重之和就会更小一些，从而不会收敛到最小值。

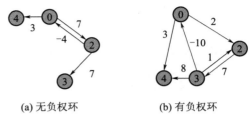

(a) 无负权环　　　　　　　(b) 有负权环

图 10-17　负权环路示例

10.4　带负权边的单源最短路径：Bellman-Ford 算法

Bellman-Ford 算法与 Dijkstra 算法任务相同，但是区别是 Bellman-Ford 算法可以处理负权边。另外，如果有负权环路（从源点可达的），该算法可以检测出来，并且返回此时不存在最短路径结果。

Bellman-Ford 算法的思路如下：如果一个图中无负权环，那么我们可以知道的是，对于这个图中的任意一个顶点 u，从源点 src 到 u 的最短路径的边数（不是长度，是构成路径的边的数量）最大只能是 $|V|$ − 1。这一点很好说明，既然无负权环，那就说明如果有环的话，任何一个环的权重之和都是不小于 0 的，如果我们的最短路径中包含了环（等价于重复经过了某个顶点），那么将这个环去掉，路径仍成立，且路径长度还缩短了（或者不变）。因此，最短路径不可能有环。既然没有环，那么每个顶点最多经过一次，最坏的情况就是将所有顶点都依次通过，$|V|$ 个顶点自然就是 $|V|$ − 1 条了。

了解了这个事实之后，我们设想，如果将所有的边都松弛一遍，不管以怎样的顺序，对于 src 到 u 的最短路径中的第一条边肯定可以被松弛到。同理，再次将所有的边松弛一遍，由于从 src 到 u 的最短路径中的第一条边已经被松弛到最优了，那么此时该路径中的第二条边也会被松弛。依此类推，由于这个最短路径最多也只有 $|V|$−1 条边，也说明只要将所有的边松弛 $|V|$ −1 次，那么必然会使所有顶点都找到了最短路径。这就是 Bellman-Ford 算法的想法，实现起来就是 $|V|$ −1 次松弛所有边的循环。

另外，我们还可以想一想，如果有负权环路存在，会发生什么？由上面的说明可以知道，当松弛所有边的操作重复了 $|V|$ −1 次之后，所有点的最短路径估计都已经收敛到最优，即真实的最短路径，从而后面即使再次重复松弛操作，也不会有任何变化。但是，如果有负权环路存在，由于负权环路多走一次就会将路径长度缩短一些，因此这种情况下不会收敛，再重复之前的松弛操作，还可以将最短路径的估计降低。根据这一观察，我们可以在完成了 $|V|$ −1 次松弛所有边后，再重复一次该操作，以此判断图中是否有负权环路。如果有，则应该返回无解。

这里也用一个示例来说明 Bellman-Ford 算法的流程。

如图 10-18 所示，这次以有向图为例，源点为顶点 0。该图共有 4 个顶点，因此需要循环 3 次，每次循环松弛所有边。对于边 $u \to v$ 的松弛，即比较 $d(v)$ 和 $d(u) + w_{uv}$ 的大小，如果 $d(v) > d(u) + w_{uv}$，则 $d(v) = d(u) + w_{uv}$。下面的数组 d 存放的是当前

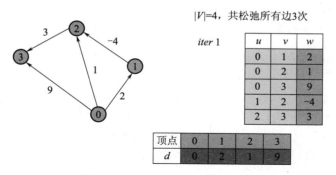

图 10-18　Bellman-Ford 算法示意

的各顶点的最短路径估计。d 数组初始化为 ∞（除源点自身以外），第一次松弛后，由于其余点都和源点直接相连，因此都被松弛。

　　第二次循环如图 10-19 所示。可以看出，1 到 2 的边的松弛对顶点 2 的路径优化是有效的。本来直接从源点 0 到 2 长度为 1，此时由于绕到顶点 1，路径长度成了 −2。此时 d[2] 被更新。同理，从 0 出发直接到 3 的路径，不如从 0 出发，依次绕过 1 和 2 再到达 3，此时路径长度仅为 1。

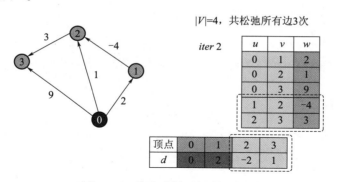

图 10-19　第二次循环松弛所有边

　　最后一次循环如图 10-20 所示，此时 d 数组已经没有变化了（注意：$|V|$ −1 次循环是最坏情况下保证能够收敛，其实可能很多情况下并不需要这么多次循环，就已经可以收

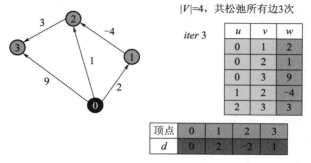

图 10-20　第三次循环，得到最终结果

图解算法与数据结构

敛到最优了)。得到的 d 数组就是到 0 各个顶点的最短路径长度。

Bellman-Ford 算法的代码实现见代码 10-3。以图 10-20 为例验证。

代码 10-3　Bellman_Fold 算法求解单源最短路径

```
1.  def BellmanFord_shortest_path (G, start_v) :
2.      # 初始化 dist 数组和 previous 数组
3.      num_v = len (G)
4.      dist =[float ('inf') for _ in range (num_v) ]
5.      previous =[-1 for _ in range (num_v) ]
6.
7.      # 将源点的 dist 置为 0，以便从该点进行松弛
8.      dist[start_v]= 0
9.      previous[start_v]= start_v
10.
11.     # 最短路径边数最大为 num_v - 1
12.     for _ in range (num_v - 1) :
13.         # 任意两个顶点若有边相连，尝试松弛并记录
14.         for src in range (num_v) :
15.             for dst in range (num_v) :
16.                 if src ! = dst and G[src][dst]< float ('inf') :
17.                     if dist[dst]> dist[src]+ G[src][dst]:
18.                         dist[dst]= dist[src]+ G[src][dst]
19.                         previous[dst]= src
20.
21.     # 最后判断是否有负权环，如果有，返回 None
22.     for src in range (num_v) :
23.         for dst in range (num_v) :
24.             if src ! = dst and G[src][dst]< float ('inf') :
25.                 if dist[dst]> dist[src]+ G[src][dst]:
26.                     return None, None
27.
28.     return dist, previous
29.
30.
31. inf = float ('inf')
32. Graph =[[0, 2, 1, 9],
33.     [inf, 0, -4, inf],
34.     [inf, inf, 0, 3],
35.     [inf, inf, inf, 0]]
36.
37. # 将图中 0→2 反向，制造一个负权环路
38. Graph_neg_ring =[[0, 2, inf, 9],
39.     [inf, 0, -4, inf],
```

```
40.        [1, inf, 0, 3],
41.        [inf, inf, inf, 0]]
42.
43. starter = 0
44. for g in[Graph, Graph_neg_ring]:
45.     dist, prev = BellmanFord_shortest_path (g, starter)
46.     print ("=========")
47.     if dist is not None:
48.         print (f"源点 {starter} 到各点的距离：{dist} ")
49.         print (f"源点 {starter} 到各点最短路径的上一个顶点：{prev} ")
50.     else:
51.         print ("图中存在负权环路！")
```

运行结果如下：

```
=========
源点 0 到各点的距离：[0, 2, -2, 1]
源点 0 到各点最短路径的上一个顶点：[0, 0, 1, 2]
=========
图中存在负权环路！
```

第11章 栈的应用举例：
括号匹配与运算式解析

前面已经讲过栈这种数据结构的定义和特点，那么自然就有一个疑问？为什么要设计这样一种特殊的数据结构呢？或者说，栈的性质在算法的设计中是怎样被应用的？

本章我们来讨论两个和运算式有关的问题：一个是如何判断运算式中括号是否匹配及如何匹配；另一个是如何对一个四则运算式通过算法进行解析和计算。这两个问题有一个共同点，它们都涉及栈这种数据结构的应用。下面，将以这两个问题为例，来说明栈在运算式解析中的应用方式。

11.1 从括号匹配问题谈起

括号匹配问题，顾名思义就是判断一个运算式中的括号是不是左右匹配的。如果括号不匹配，这个运算式自然就是不正确的，也就无法计算。对于四则运算式中的括号，大家肯定不陌生，括号存在的意义就是划分和排定计算顺序，即优先级，然后从内到外一层层地对算式进行计算，得到最终的结果。图 11-1 所示为一个含有括号的运算式。这里按传统的数学中的方式，采用小括号、中括号和大括号，下划线表示计算的顺序。

对于这个式子，首先计算小括号里的内容，然后在计算中括号内的内容，再计算大括号内的内容，最后，按照四则运算优先级（先乘除后加减）来计算剩下的部分。

由图 11-1 可以看出，括号是匹配的，因此可以按照事先约定的顺序将式子结果准确地计算出来。几个括号不匹配的例子如图 11-2 所示。

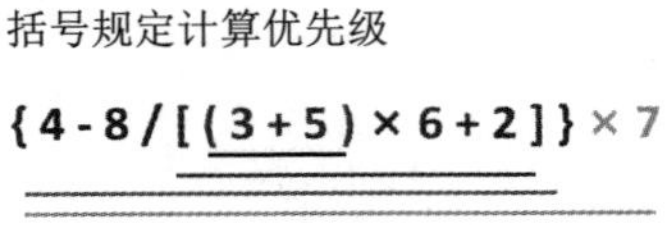

$$\{4\text{-}8/[\,[\,(3+5\times6+2\,]\,\}\times7$$
多一个左小括号"("

$$\{4\text{-}8/[\,3+5\times(6+2)\,]\,]\,\}\times7$$
多一个右中括号"]"

括号规定计算优先级

$$\{4\text{-}8/[\,(3+5)\times6+2\,]\,\}\times7$$

$$\{4\text{-}8/[\,3+5\times6+2\,)\,\}\times7$$
左右括号级别不匹配

图 11-1　四则运算式中的
括号规定了计算的顺序

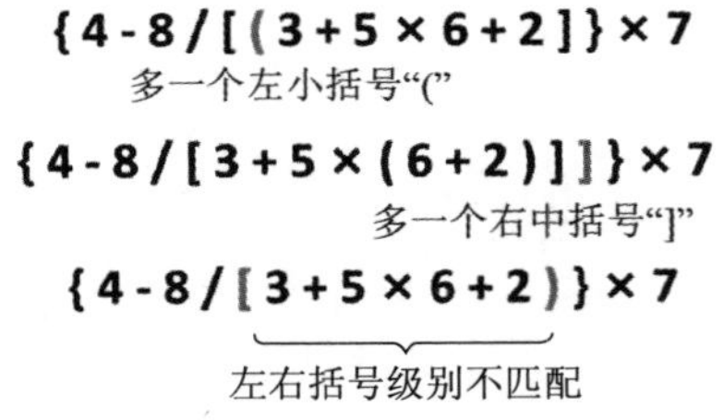

图 11-2　括号不匹配的情况

由图 11-2 可以看出，在第一个式子中，左侧多了一个左小括号，导致右侧没有和它匹配的右小括号。第二个式子中，右侧多了一个右中括号，而左侧没有与它配对的。最下面这种情况是左右两侧的括号级别不匹配，一个是中括号，一个是小括号。这种情况也可以看作是缺少一个右中括号，且同时缺少一个左小括号。

在算法和程序中，实际上我们并不需要用小括号、中括号和大括号来确定优先级，我们只需一种括号形式，然后从最内部的括号开始计算即可。像图 11-1 中的例子，可以写成如图 11-3 所示的形式，并且进行计算。

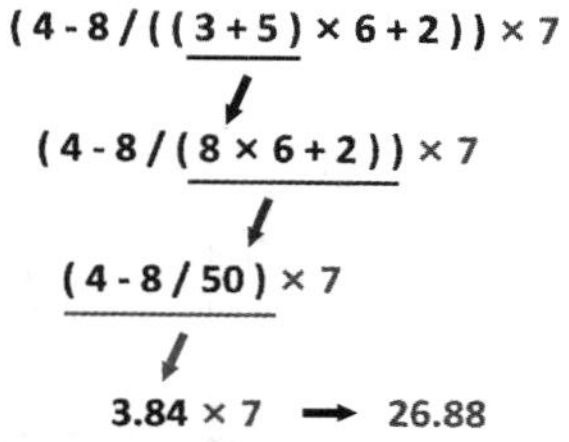

$$(4 - 8 / ((\underline{3+5}) \times 6 + 2)) \times 7$$

$$(4 - 8 / (\underline{8 \times 6 + 2})) \times 7$$

$$(4 - 8 / \underline{50}) \times 7$$

$$\underline{3.84 \times 7} \longrightarrow 26.88$$

图 11-3　只有一种括号形式（小括号）确定计算顺序

11.1.1 括号匹配问题

可见，运算顺序并不一定要通过括号的形式来指示，只要找到括号之间的匹配关系，即判断哪两个括号是一对，就可以完成四则运算的计算。由于这里的运算顺序与括号内的实际计算内容无关，因此，只将图 11-3 算式中的括号抽出来，如图 11-4（a）所示。

由图 11-4 可以看出，前面的式子中只提取括号后，形式是较为简单的，即左侧三个连续的左括号，右侧三个右括号。很自然地，只需将 3 号和 4 号、2 号和 5 号及 1 号和 6 号分别配对即可。在实际场景中，还可能见到一些更为复杂的例子，比如图 11-4 下面所示的情况。通过观察可以发现，首先，最内层的 6 和 7、8 和 9 分别配对，计算完这两个括号的内容后，5 和 10 配对，计算该括号对里的内容。与 5 和 10 这对括号平级的还有 3 和 4，然后就是 2 和 11 配对，并计算里面的内容。最后，计算 1 和 12 配对的最外层，至此所有括号内的内容都计算完毕。

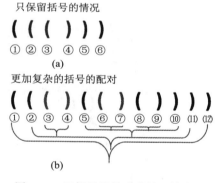

图 11-4　只保留括号形式的运算式

如果对于更加复杂的括号组合，如何判断它们之间的配对情况，以及是否正确匹配呢？这里，先来回想我们是依据什么过程来分析和判断括号顺序的。首先，从左往右依次检查，当遇到第一个右括号时，我们就返回来找到最后一个左括号与它配对，然后这个配好对的括号就可以不用再考虑了。继续检查下去，直到再次遇到右括号，找到还没配对的最后一个左括号，将它们进行配对，以此类推。在这个过程中，如果我们发现，有一个右括号的前面找不到没有配对的左括号了，那就说明右括号多了，即这个算式括号不匹配。相反，如果匹配完以后，发现还剩下了没有匹配的左括号，就说明左括号多了，算式括号也是不匹配的。

11.1.2 利用栈实现括号匹配检查

按照上面的逻辑，我们每次都要找到离当前的右括号最近的未匹配的左括号，因此，很自然的想法就是，利用栈进行操作，将左括号依次压栈，遇到右括号进行弹栈，那么栈顶被弹出的肯定就是离这个右括号最近的（最后压入栈的）左括号。下面，用栈来实现四则运算式中括号的匹配。过程如图 11-5 所示。

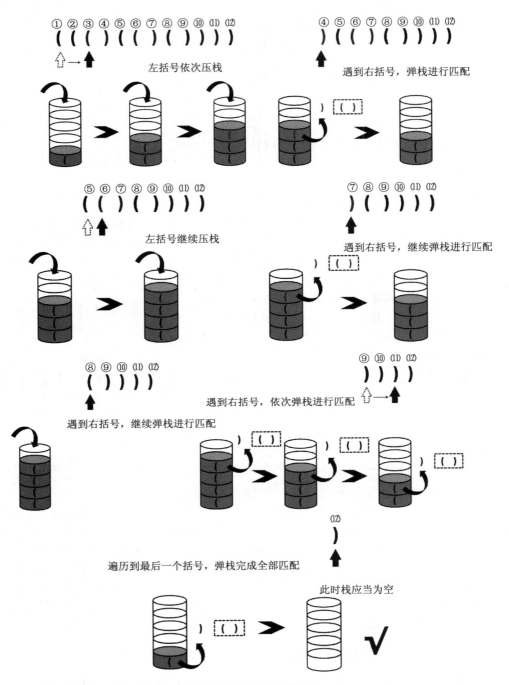

图 11-5　用栈实现括号匹配的过程

　　结合图 11-5，简单说明通过栈实现括号匹配的整个流程。在这个过程中，从左到右遍历所有的括号，遇到左括号就压栈，遇到右括号弹栈匹配。首先，对于 1~3 号位置，由于都是左括号，因此依次进行压栈操作。到了 4 号位置，遇到了一个右括号，因此进行弹栈，此时栈顶为 3 号左括号，因此 3 号和 4 号是一对。继续重复上述步骤，5 和 6 压栈，到了 7 号位置时又遇到右括号，弹出栈顶的 6 号左括号与其配对。然后将 8 号位左括号压栈，9~11 号位置都是右括号，因此以此弹栈进行匹配。最后的 12 号元素也是一个右括号，此时弹出栈顶的 1 号左括号，与 12 号右括号进行匹配。此时所有元素都已遍历完成，如果括号匹配正确，此时栈应当为空。

下面用代码来实现上述操作，见代码 11-1。

代码 11-1　括号匹配检查

```
1.  def parentheses_match (input_str) :
2.      #检查括号匹配，输入为含有括号的运算式
3.      stack = list ()
4.      for i, char in enumerate (input_str) :
5.          if char == "(":
6.              stack. append (i)
7.          elif char == ") ":
8.              if len (stack) == 0:
9.                  print ("括号不匹配，缺少左括号")
10.                 return
11.             left_id = stack. pop ()
12.             print("匹配到的括号位置:左括号:{0};右括号:{1}".format(left_id, i) )
13.         else:
14.             continue
15.     if len (stack) == 0:
16.         print ("括号成功匹配! ")
17.     else:
18.         print ("括号不匹配，缺少右括号")
19.     return
20.
21. if __name__ == "__main__":
22.     test_1 = '(3- (4+5* 7*  (8-2) ) '
23.     test_2 = '(3- (4+5* 7) *  (8-2) ) * 3'
24.     test_3 = '(3- (4+5* 7) *  (8-2) ) * 5) '
25.     #测试括号匹配
26.     print ('缺少右括号 test_1 测试: ')
27.     parentheses_match (test_1)
28.     print ('\n 正常匹配 test_2 测试: ')
29.     parentheses_match (test_2)
30.     print ('\n 缺少左括号 test_3 测试: ')
31.     parentheses_match (test_3)
```

输出结果如下：

```
缺少右括号test_1测试：
匹配到的括号位置：左括号：10；右括号：14
匹配到的括号位置：左括号：3；右括号：15
括号不匹配，缺少右括号

正常匹配test_2测试：
匹配到的括号位置：左括号：3；右括号：9
匹配到的括号位置：左括号：11；右括号：15
匹配到的括号位置：左括号：0；右括号：16
括号成功匹配！

缺少左括号test_3测试：
匹配到的括号位置：左括号：3；右括号：9
匹配到的括号位置：左括号：11；右括号：15
匹配到的括号位置：左括号：0；右括号：16
括号不匹配，缺少左括号
```

11.2　四则运算式的解析和计算

前面主要讲解了如何用栈来实现四则运算式中的括号检查和配对。本节继续来讨论有关运算式的问题：如何解析和计算四则运算式。

在 Python 命令行中输入一个四则运算式，如 5×(3+2)/8 时，实际上我们只是给机器输入了一串字符串。这个字符串中，我们规定了一些法则，如优先计算括号内的算式，先乘除后加减，以及同一个级别的运算要从左往右依次进行（左结合）。那么，机器是如何按照我们要求的规则，将这个字符串表示的算式解析处理，并计算出最终结果的呢？下面就来讨论这个问题。

11.2.1　中缀表达式、波兰表达式和逆波兰表达式

首先，分析普通的一个四则运算表达式的结构。以 5×(3+2)/8 为例，可以看到，先计算括号内的 3+2，然后，由于左结合律，下一步需要返回前面去找到 5，和 3+2 进行乘积操作，最后，再将结果和 8 做除操作。这一过程中由于括号的存在，使得我们不得不先对这个式子的计算逻辑进行解析，然后递归求解结果。这个解析过程是通过树实现的，上面运算式的解析结果如图 11-6 所示。

可以看出，对于传统的四则运算表达式，需要先整理出算式的计算逻辑和顺序，并逐步进行递归计算，步骤较为复杂，当表达式很长时，就会需要大量的括号来规定计算顺序。这种算式的表达式由于将运算符（operator）（加减乘除符号），放在操作数（operand）（参与运算的两个数字）的中间，因此一般被称为中缀表达式（infix notation）。那么，有没有一种方法可

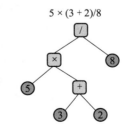

图 11-6　算式 5×(3+2)/8
的解析结果

以代替这种中缀表达式，从而更方便地计算出算式结果呢？

　　波兰数学家扬·卢卡谢维奇在 1924 年提出了一种可以不使用括号就能准确无歧义地表示运算过程的表达式，被称为波兰表达式（polish notation），或者波兰式、波兰记法等。不同于中缀表达式将运算符放在两个操作数的中间，波兰表达式将运算符放到所要操作的数的前面，因此又被称为前缀表达式（prefix notation）。与之类似，我们将运算符放到操作数的后面，就形成了逆波兰表达式（reverse polish notation），也称为后缀表达式（postfix notation）。由于这二者思路基本一致，因此我们只对后缀表达式，即逆波兰式进行介绍。

11.2.2　逆波兰表达式的计算

　　逆波兰表达式的基本形式，如图 11-7 所示。可以通过以下的方法将上面的中缀表达式转成逆波兰表达式：首先，按照计算的顺序，将括号补充完整。因为有些运算式优先级高的在左边，所以不需要括号，这里将每一步运算的过程都用括号括起来；然后，将括号内的运算符移动到对应的括号的后面。比如（c + d）就变成了（c d）+ ；最后，将式中的所有括号都去掉，即可得到逆波兰表达式。

$$(a - b / ((c + d) \times e + f)) \times g$$

↓ 按照运算顺序补充括号

$$((a - (b / (((c + d) \times e) + f))) \times g)$$

↓ 将运算符移动到对应括号后面

$$((a(b(((cd) + e) \times f) +)/) - g) \times$$

↓ 去掉括号，得到逆波兰表达式

$$a b c d + e \times f + / - g \times$$

图 11-7　逆波兰表达式的形式

　　可以看出，这种表达方式虽然不包含括号，显得简洁了很多，但是一开始看来感觉非常不符合我们的习惯。那么这样一种表达式是如何被用来计算的？将我们日常中熟悉的中缀表达式整理成这种形式的意义何在？

　　实际上，逆波兰表达式的计算非常简洁，其基本规则是，遇到运算符就将前面的两个数拿来进行运算，然后将运算结果放回原位。对于逆波兰表达式，只需直接从左向右将算式遍历一遍，就能得到最终的计算结果。由于在遍历的过程中，每次都是取靠近运算符的两个数进行计算（已遍历到的最后面的两个数），因此显然这是一个后进先出（LIFO）的任务，自然地，我们也采用栈来在遍历过程中存放操作数。

　　下面以图 11-8 为例，详细说明逆波兰表达式的计算方法。

　　对算式中的每个元素进行遍历，从第（1）步到第（4）步，都是操作数，因此依次进行压栈。到第（5）步时，遇到了 "+" 操作符，因此，从栈顶弹出两个元素 d 和 c（注意，先弹出的 d 在运算符的右侧），进行 "+" 操作。得到结果为 c+d，将结果压栈。

　　到了第（6）步，将 e 压栈，第（7）步又一次遇到了操作符，因此，弹出两个元素，进行 "×" 操作，得到的结果继续压栈。后面的步骤依此类推。直到第（13）步遍历到最

逆波兰表达式的计算过程

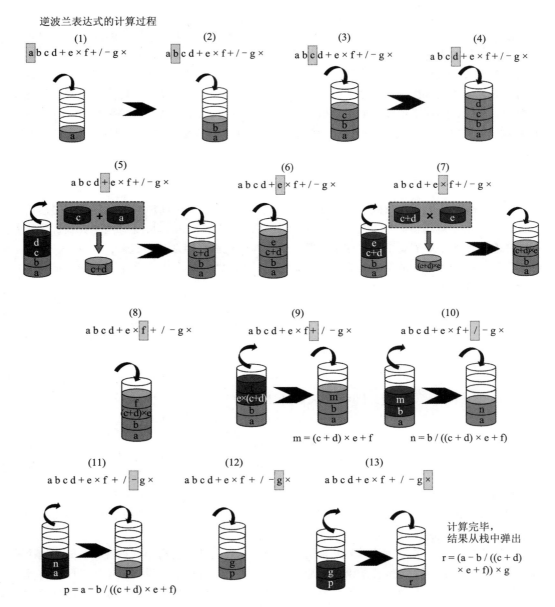

图 11-8　逆波兰表达式的计算过程

后一个字符"×"时，将栈中两个元素弹出并相乘，计算结果入栈，与前面的操作都相同。这时，栈中应该只有一个元素，即最终的结果。将此结果弹出，整个逆波兰表达式的计算过程就完成了。

　　如前所述，采用逆波兰表达式的四则运算只需要遍历一次算式字符串即可，不需要回退到之前的字符，因此如果算式长度很大时，可以一边读入一边计算已读入的部分，实时得到当前计算结果。下面，用 Python 实现一个波兰表达式的计算函数（见代码 11-2）。

代码 11-2　波兰表达式四则运算

```
1. def cal_reverse_polish (rpn_str) :
2.     # 输入逆波兰表达式 (各个字符之间以空格分隔)，输出计算结果
3.     rpn_ls = rpn_str. split ('')
4.     operater_set = {'+', '-', '*', '/'}
5.     stack = list ()
6.     for ch in rpn_ls:
7.         if ch not in operater_set:
8.             stack. append (ch)
9.         else:
10.             right_opnd = stack. pop ()
11.             left_opnd = stack. pop ()
12.             # 函数 eval 用于计算字符串的结果，如输入'3+5'，输出 8
13.             res = eval (str (left_opnd) + ch + str (right_opnd) )
14.             stack. append (res)
15.     final_res = stack. pop ()
16.     if len (stack) == 0:
17.         print ("计算完成！")
18.         print ("{0} 的结果为：{1: . 4f} ". format (rpn_str, final_res) )
19.     else:
20.         print ("输入逆波兰表达式有误！")
21.     return
22.
23. if __name__ == "__main__":
24.     rpn_str = '1 5 3 5 + 7 * 11 + / - 13 * '
25.     cal_reverse_polish (rpn_str)
```

输出结果如下：

```
计算完成！
1 5 3 5 + 7 * 11 + / - 13 * 的结果为：12.0299
```

11.2.3　中缀表达式转换为逆波兰表达式

在 11.2.2 节中，按照一定步骤，手动将中缀表达式转换为逆波兰表达式。其实，这个过程也可以通过利用栈来实现。下面讲解中缀表达式转逆波兰表达式的实现方法。

和前面一样，我们对中缀表达式逐个字符进行遍历。在整个过程中，我们维护一个运算符栈。每遍历到一个字符，需要进行如下判断：

首先，看这个字符是否是运算符（包括加减乘除和括号），如果不是，那么就认为是操作数，将其直接打印。如果是运算符，就需要涉及和栈相关的操作了，因此再进行下面的判断：

（1）如果运算符是一个左括号，那么直接压栈。

（2）如果运算符是一个右括号，那么对从栈顶元素开始，依次弹栈，直到遇到左括号

并弹出。

（3）如果运算符不是括号，那么需要将当前的运算符与栈顶元素进行比较。如果当前运算符比栈顶元素优先级高，则压栈。如果当前运算符的优先级比栈顶元素更低或者相等，那么进行弹栈操作，弹出栈顶优先级更高或相等的元素并打印，然后将当前操作符压栈。

这里需要详细说明一下，对于步骤（3）中的运算符优先级，对于四则运算来说，就是"＊"＝"／"＞"＋"＝"－"。即先乘除后加减，左括号可以看作优先级最低的。也就是说，如果栈顶为左括号，任何一个不是括号的运算符都可以直接压栈。

另外，为什么只有当前运算符优先级高于栈顶时才压栈，而等于和低于都要弹栈呢？我们可以这样考虑：栈是一个后进先出的结构，越靠近栈顶的越先进行计算。而将优先级高的运算符压栈，也表明后面会先计算这个运算，这和我们手工计算中先乘除后加减的规则是一致的。同理，优先级低的运算符自然需要后计算，因此先弹栈计算优先级高的栈顶元素运算符，然后计算优先级低的当前运算符。而如果当前运算符与栈顶元素运算符优先级相等时，四则运算采取左结合律，因此左侧的（已经入栈的栈顶元素）先计算，所以也需要弹栈。

通过上述方式，可以完成所有中缀表达式中所有字符的遍历，遍历完成后，将栈中的运算符依次弹栈并打印。整个打印的结果就是原式对应的后缀表达式，即逆波兰表达式。

下面通过一个例子来展示中缀表达式转换为后缀表达式的过程，如图 11-9 所示。

结合图 11-9，我们来详细梳理如何将式子 a－b／（（c＋d）×e＋f））×g 转换成逆波兰表达式。首先，我们遇到的是一个运算符"（"，按照规则直接压栈。然后是操作数a，直接打印。第（3）步时，当前元素为操作符"－"，按照要求应该先判断和栈顶元素的优先级高低。此时栈顶元素为"（"，按优先级顺序，左括号优先级最低，遇到左括号在栈顶时，可以直接压栈。因此，"－"被压入栈中。继续打印操作数 b。下面是运算符"／"，仍然进行比较，发现除号的优先级比栈顶的减号要高，因此按照规则，需要压栈。第（6）～（7）步连续两个"（"，直接压栈。然后打印操作数 c。第（9）步遇到"＋"，栈顶元素仍然是"（"，所以将"＋"直接压栈。然后打印操作数 d。第（11）步时，我们当前的元素为"）"，因此，按照上述规则，需要依次弹栈，直到弹出一个左括号"（"，于是栈中的"＋"被弹出，第一个左括号"（"也被弹出。将弹出的"＋"打印出来，此时打印出的结果为 abcd＋。

第（12）步栈顶还是左括号，因此"×"直接压栈，（13）步打印 e。下面（14）步遇到了"＋"，与栈顶元素的优先级进行比较，发现当前运算符的优先级不高于栈顶的"×"，因此需要弹栈打印"×"。此时栈顶变成了左括号，"＋"的优先级比栈顶元素高了，将"＋"压栈，继续向后执行。

第（15）步，打印操作数 f。第（16）步时，又一次遇到了右括号"）"，因此"＋"被弹出栈，对应的左括号也弹出。第（17）步又读取到"）"，因此将栈中的"／"和"－"依次弹出打印，并将对应左括号弹出。第（18）步，读取"×"，此时栈为空，直接压入栈中。最后，第（19）步，打印操作数 g，此时所有字符都已经遍历完成，将栈中的元素依次弹出并打印，就得到了最终的逆波兰表达式：abcd＋e×f＋／－g×。

中缀表达式转换为逆波兰表达式

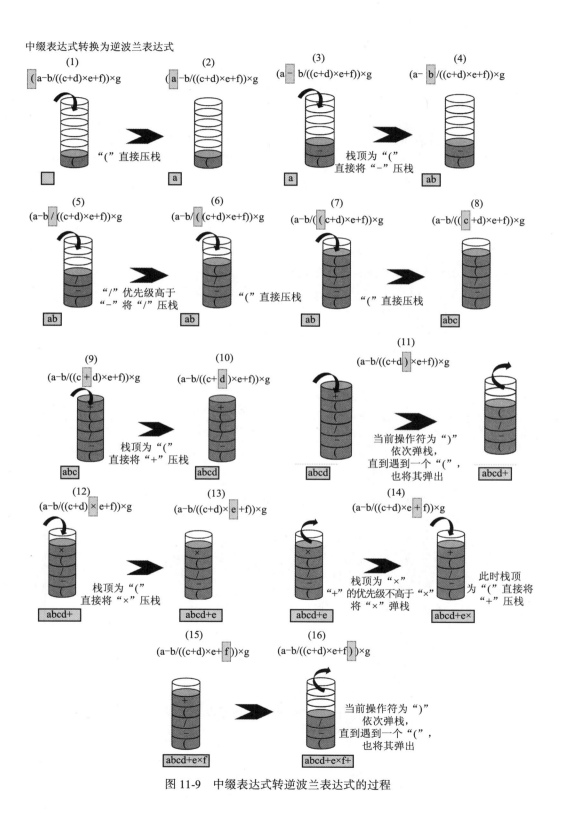

图 11-9 中缀表达式转逆波兰表达式的过程

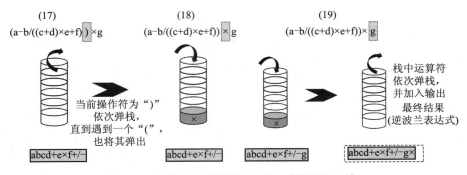

(17) (a−b/((c+d)×e+f)) ×g

当前操作符为")"依次弹栈，直到遇到一个"("，也将其弹出

abcd+e×f+/−

(18) (a−b/((c+d)×e+f)) ×g

abcd+e×f+/−

(19) (a−b/((c+d)×e+f))× g

abcd+e×f+/−g

栈中运算符依次弹栈，并加入输出最终结果（逆波兰表达式）

abcd+e×f+/−g×

图 11-9 中缀表达式转逆波兰表达式的过程（续）

下面，用代码实现这个过程，见代码 11-3。

代码 11-3 中缀表达式转换为逆波兰表达式

```
1.  def infix_to_rpn (infix_str, verbose=True) :
2.      # 将中缀表达式转换为后缀表达式（逆波兰表达式）
3.      # verbose 表示是否显示每个步骤的详细信息
4.      optr_dict = {'*': 2, '/': 2, '+': 1, '-': 1}
5.      # stack 用来存放运算符
6.      stack = list ()
7.      # ret_ls 存放由中缀转成的后缀表达式
8.      ret_ls = list ()
9.      for ch in infix_str:
10.         if ch == '(':
11.             stack. append (ch)
12.         elif ch == ') ':
13.             # 弹出栈顶元素，直到弹出左括号 " (" 为止
14.             while True:
15.                 pop_ch = stack. pop ()
16.                 if pop_ch == '(':
17.                     break
18.                 ret_ls. append (pop_ch)
19.         # 如果是运算符，需要进行判断是否入栈，以及栈中元素是否弹出
20.         elif ch in optr_dict:
21.             if len (stack) == 0:
22.                 stack. append (ch)
23.             elif stack[-1]== '(':
24.                 stack. append (ch)
25.             elif optr_dict[ch]> optr_dict[stack[-1]]:
26.                 stack. append (ch)
27.             else:
28.                 ret_ls. append (stack. pop () )
29.                 stack. append (ch)
```

```
30.         else:
31.             #操作数直接在后缀表达式中打印
32.             ret_ls.append(ch)
33.
34.         if verbose:
35.             print('当前读取的字符:{0}'.format(ch))
36.             print('此时栈中元素:{0}'.format(''.join(stack)))
37.             print('此时后缀表达式输出结果:{0}'.format(''.join(ret_ls)))
38.             print('\n')
39.
40.     while not len(stack) == 0:
41.         ret_ls.append(stack.pop())
42.     if verbose:
43.         print('遍历完成,栈中元素弹栈。此时后缀表达式输出结果:{0}'.format(''.
            join(ret_ls)))
44.         print('\n')
45.
46.     return ''.join(ret_ls)
47.
48. if __name__ == "__main__":
49.     infix_str = '(a-b/ ( (c+d) * e+f) ) * g'
50.     postfix_str = infix_to_rpn(infix_str)
51.     print('中缀表达式:{0}'.format(infix_str))
52.     print('转为后缀表达式:{0}'.format(postfix_str))
```

输出结果如下：

```
当前读取的字符: (
此时栈中元素: (
此时后缀表达式输出结果:

当前读取的字符: a
此时栈中元素: (
此时后缀表达式输出结果: a

当前读取的字符: -
此时栈中元素: ( -
此时后缀表达式输出结果: a

当前读取的字符: b
此时栈中元素: ( -
此时后缀表达式输出结果: a b
当前读取的字符: /
```

此时栈中元素：(– /

此时后缀表达式输出结果：a b

当前读取的字符：(

此时栈中元素：(– / (

此时后缀表达式输出结果：a b

当前读取的字符：(

此时栈中元素：(– / ((

此时后缀表达式输出结果：a b

当前读取的字符：c

此时栈中元素：(– / ((

此时后缀表达式输出结果：a b c

当前读取的字符：+

此时栈中元素：(– / ((+

此时后缀表达式输出结果：a b c

当前读取的字符：d

此时栈中元素：(– / ((+

此时后缀表达式输出结果：a b c d

当前读取的字符：)

此时栈中元素：(– / (

此时后缀表达式输出结果：a b c d +

当前读取的字符：*

此时栈中元素：(– / (*

此时后缀表达式输出结果：a b c d +

当前读取的字符：e

此时栈中元素：(– / (*

此时后缀表达式输出结果：a b c d + e

当前读取的字符：+

此时栈中元素：(– / (+

此时后缀表达式输出结果：a b c d + e *

当前读取的字符：f

此时栈中元素：(– / (+

此时后缀表达式输出结果：a b c d + e * f

当前读取的字符：)

```
此时栈中元素：( - /
此时后缀表达式输出结果：a b c d + e *  f +


当前读取的字符：)
此时栈中元素：
此时后缀表达式输出结果：a b c d + e *  f + / -


当前读取的字符：*
此时栈中元素：*
此时后缀表达式输出结果：a b c d + e *  f + / -

当前读取的字符：g
此时栈中元素：*
此时后缀表达式输出结果：a b c d + e *  f + / - g


遍历完成，栈中元素弹栈。此时后缀表达式输出结果：a b c d + e *  f + / - g *


中缀表达式：(a-b/ ( (c+d) * e+f) ) * g
转为后缀表达式：a b c d + e *  f + / - g *
```

　　我们已经说明了中缀表达式转换为缀表达式的方法，以及如何对后缀表达式进行计算。实际上，对于一个中缀表达式进行计算可以不需要分成上述两步进行，只需维持两个栈，一个用来存放操作数（后缀表达式计算过程中的那个栈），另一个存放运算符（中缀表达式转换为后缀表达式过程中的那个栈）。在遍历中缀表达式的过程中，遇到操作数不直接进行打印，而是压入操作数栈，遇到运算符则按照中缀表达式转换为后缀表达式中的规则压入运算符栈。每当遇到从运算符弹栈时，就按照后缀表达式计算过程中的方式，弹出操作数栈顶元素来进行运算，并将结果重新压栈。通过这种方式，就可以实现中缀表达式的计算。

第 12 章 哈希函数与哈希表

本章介绍一种有着较为特殊性质的数据结构：哈希表，以及用来构造它的算法，即哈希函数。相比第 2 章中介绍的数组、树、图等数据结构，哈希表不但考虑了数据之间的存放位置关系，还考虑了存放内容与存放位置的关系，因此和上述数据结构的思想有所区别。而且，用于构建哈希表的哈希函数在实际问题中也有着广泛的应用。

12.1 为什么需要哈希表

在讲解哈希表的原理和构造方法之前，我们还需要解决一个问题，那就是为何需要哈希表这样的数据结构。顾名思义，哈希表本质上也是一个存放数据的表结构，之前提到过的数组和链表也具备这样的功能，那么，哈希表具有哪些优点？或者换句话说，哈希表是为了解决传统的数据结构的哪些缺陷呢？

一个存储数据的表结构，基本的操作无非就是增删改查。回想数组和链表的基本结构。数组的下标与存储位置是对应的，并且是连续的，因此，在数组中查询某个位置的元素效率很高（直接计算地址并访问），而插入和删除元素的效率则比较低（需要移动后续所有元素）。而链表则刚好相反，它的插入和删除很简单，就是两个指针重新赋值（当前插入节点的和前一个节点的 next 指针），然而，链表中想取出某个位置的数则较为困难，需要从前向后依次访问。

而在实际应用中，我们对某个表中的数据的查询，往往不是查找第 k 个数，而是查找某个数值是否存在于表中，如果存在的话存放在哪里。也就是说，通常查表是给定目标值的查询，而非给定存放位置的查询。对于这一任务来说，无论是数组还是链表，都不能很好地满足要求。对于无序数组，想要查询某个值是否存在，需要遍历所有的元素才能完成，时间复杂度为 $O(n)$。即使对于有序数组，按照前面提到过的二分法，也需要 $O(\log n)$。

根据目标值进行查询之所以在数组或链表中效率较低，其最根本的原因是：在这些传统的数据结构中，只考虑了每条数据存放位置之间的关系，而没有考虑每条数据的内容（数值）与它所在的位置之间的关系。哈希表就是为了解决这个问题而产生的，由于哈希表中，数据的值与它所在的位置建立起联系，因此可以用更加高效 9+的方式来实现数据的查找。

下面，我们就来看看哈希表是通过什么样的思路来实现这一点的。

12.2 哈希表的思路与策略

本节来讨论哈希表的基本思想。下面以一个实际场景为例，通过比较不同的策略，引出哈希表的构造方法与优点。

12.2.1 哈希表基本思想

设想这样一个场景，一个班里的小学生一起出游，需要到酒店安排住处，如图 12-1 所示。那么，应该怎样安排，才能在需要时最方便地找到我们想找的人呢？

最一般的方式就是随机分配，即根据游客的先后顺序，依次分配房间。这样的结果如图 12-2 所示。

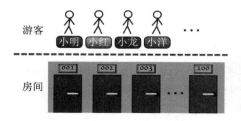

图 12-1　小学生出游分配房间　　　　　图 12-2　随机分配的结果

由图 12-2 可以看出，在这种分配方式下，每个人分配的房间号是随机的，这种策略就是常见的用数组存放数据的方式，即不考虑存储的内容的取值，直接按照顺序存储。这种分配策略下，想要查找某个游客在那个房间，只能从头开始依次询问，如图 12-3 所示。

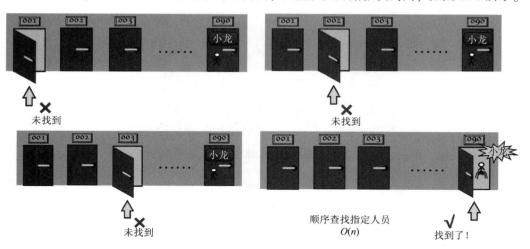

图 12-3　随机分配策略下的顺序查找

这样的查找很明显是 $O(n)$ 复杂度的，最差的情况可能需要找遍所有的房间，才能找到想要找的人。那么，有什么方式可以优化这种情况？

一个直接的想法就是对数组进行排序，也就是说，对所有需要安排房间的游客，按照他们姓名的字典序进行排序，然后按照顺序分配房间。这样，就可以利用有序数组的二分查找方法，在 $O(\log n)$ 的时间复杂度内找到需要找的人了，如图 12-4 所示。

这种方式已经比遍历要好多了，但是还有没有更好的方法，让我们一看到要找的人的名字（存放的数据的值），就知道他/她在哪个房间（存放位置）呢？

考虑下面这种策略（见图 12-5），我们对每个人的名字取首字母，然后将这个字母转

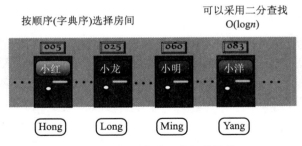

图 12-4　按顺序分配房间的情况

换成 ASCII 码值，并且减去 65，然后将得到的结果的数字作为这个人分配的房间号。举例来说：小红的名字"红"（Hong）首字母为"H"，计算后得到结果为 7，于是将小红分配到 007 号房间，类似地，小龙首字母"L"，结果为 11，分配至 011 号房间……通过这种分配方式，可以直接根据要查找或分配房间的人名，为他/她直接找到对应的房间。这种分配方法，实际上就是哈希算法。通过哈希算法，可以在 $O(1)$ 的时间复杂度内查找某个值，也可以在 $O(1)$ 复杂度的情况下插入或删除某个值（仅在不考虑碰撞的情况下，有碰撞的情况下面会讨论）。

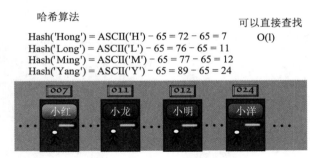

图 12-5　通过哈希算法来分配房间

通过哈希算法得到的数据结构被称为哈希表（hash table），或者散列表。下面给出哈希表的一个较为规范的定义：对于要存储的数值 x，通过某种映射 h，得到 $h(x)$，作为 x 的地址，存储该数值 x，这样得到的表就叫作哈希表。这里的 h 就是哈希函数，或者散列函数。可以看出，哈希表中查找数值 k 的位置，只需计算函数值 $h(k)$ 即可，插入和删除也是如此。因此提高了查找效率。

　　哈希表能提高查找效率是因为它将存放元素的内容（取值）与其位置通过哈希函数建立了联系，因此可以直接通过存储元素的值来直接查询到它的位置。但是这只是比较理想的情况，由于我们的存储单元有限，哈希函数实际上是一种压缩映射，即将取值范围较大的原始数值 x 映射到一个相对有限的范围内。因此，不可避免地会出现多个不同的 x 值被映射到同一个 $h(x)$ 值的情况，这就是哈希碰撞（hash collision）。对于一个哈希表，除定义哈希函数以外，还需要确定好碰撞处理的方式。下面，我们就来讨论哈希碰撞问题，以及如何解决哈希碰撞。

12.2.2　哈希碰撞问题与避免策略

　　仍然以前面分配房间的情景为例，如图 12-6 所示，假如游客中有小明和小民两个人，按照之前的方法取出首字母进行计算，发现二者得到了同一个值，而一个房间只能分配一个人，因此，这种计算哈希值的方式在这两条数据上发生了冲突（或碰撞）。这是哈希表中很难避免的问题，因此需要一定的方式来解决该问题。

$$\text{Hash('Ming')} = \text{ASCII('M')} - 65 = 77 - 65 = 12$$
$$\text{Hash('Min')} = \text{ASCII('M')} - 65 = 77 - 65 = 12$$

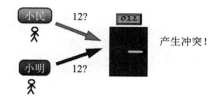

图 12-6　哈希碰撞示例

　　处理哈希碰撞的方法有很多，这里列举两个常用的方法：开放定址法（open addressing）和链地址法（separate chaining）。开放定址法的一种实现方案叫作线性探测法（linear probe）。以此为例，介绍开放定址法对于哈希碰撞的处理思路。

　　线性探测法的思路非常直观。当我们为一个新加入的数值分配存储位置时，如果发现这个位置已经存有了数值，那么就顺序查看它的下一个单元，如果为空，则将新数值存放在这里，否则继续向下查看。

　　仍然以上面的情景为例，线性探测法的实现过程如图 12-7 所示。

　　下面结合图 12-7，简要说明线性探测法处理哈希碰撞的过程。首先，为哈希表增加一条新数据"小民"，根据上面的哈希函数，计算出"小民"对应的哈希值为 12，即应该进入 012 号房间，此时该房间为空，小民就被安排到 012 号房间。接下来，为小明安排房间，计算出"小明"对应的哈希值，也是 12，但是此时 012 号房间已经有人了，于是顺序探查下一个房间（注意，这里的公式含有一个 mod 过程，因此在探测到存储空间的最后面时，还可以从开头重新探测），即 013 号，发现该房间没有人，于是将小明安排到了 013 号房间。

　　假如这时又来了一个小马需要分配房间，对"小马"计算哈希值，发现也是 12，于是同样的方法，探查下一个房间（013 号房），发现 013 号房也已经有人了，那么，继续探查下一个，即 014 号。014 号房间没有人（未发生哈希碰撞），因此，新来的小马就被分配到 014 号房间。

　　上面描述了数值的分配，即插入数据的方法。对于查询一个数值的任务，方法也是类似的。比如，我们想要找到小马所在的位置，那么首先计算出它的哈希值为 12，找到该房间，发现不是小马，于是继续查找 013 号房，仍然不是我们要找的人，继续查找 014 号房，找到小马，查询过程完毕。

　　开放定址法的基本思路就是先按照计算出的该元素的哈希值进行分配，如果发生碰撞，那么再按照一定的规则寻找其他位置，直到找到一个未被占据的位置进行分配。线性探测法是开放定址法的一种实现方式，因为它的寻找下一个位置的规则是位置编号的线性增加。其他的实现方式如二次探测法等，只是在于寻找下一个位置的方式不同罢了。

　　除了开放定址这一策略以外，还有一种处理哈希碰撞的方式，那就是链地址法，有的地方也称作拉链法。链地址法的思路如下：如果多个数值被映射到了同一个哈希值（同一个位置），那么就在这个位置建立一个链表，将后面的相同哈希值的数值连接在链表后面，如图 12-8 所示。

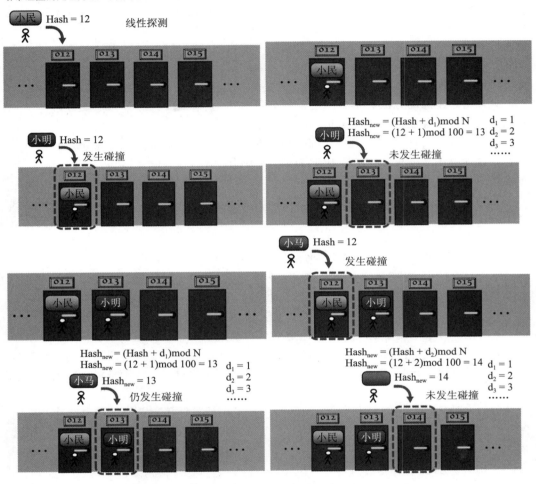

图 12-7　线性探测法处理哈希碰撞

可以看到，利用链地址法，所有产生哈希碰撞的数值都被加入同一个链表中。对于新元素的插入，首先计算其哈希值，如果该位置已经有了其他元素，那么将新元素添加到链表的末尾即可。查找过程同理：首先计算待查找元素的哈希值，然后找到该位置，对链表中的各个节点元素进行逐个比较，直到找到该元素，或者遍历完成整个链表返回未找到。

哈希碰撞的处理方法：链地址法

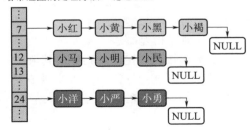

图 12-8　通过链地址法处理哈希碰撞

以上我们讨论了哈希碰撞的基本概念，以及解决哈希碰撞的两种方式。下面讨论哈希表中另一个重要的问题，即哈希函数需要满足怎样的特性，以及应该如何选择？

12.3　哈希函数的选择

正如上一小节中提到的，哈希碰撞问题可以通过一定的方法进行处理。虽然如此，我们仍然不希望一个哈希表具有比较多的碰撞，因为碰撞及其处理方式会使得哈希表的效率降低。前面提到数组和链表用来存储数据时，查询的开销较大，主要是因为在数组或链表中查询时需要拿待查的目标值与表中的元素进行多次比较。而哈希表的效率的提高也正是利用直接计算哈希值获得位置的方式避免了元素比较的开销（理想情况下）。

而实际情况中，事情往往并不会这么理想。由于哈希碰撞的存在，在有碰撞的位置，我们仍然需要进行一系列的比较才能完成查询（不论是开放寻址法还是链地址法，都需要在哈希值相同的那些元素中对目标值进行逐个比较）。如此一来，哈希表的效率就会受到损害，所以，我们应该尽量避开不必要的碰撞。这就有赖于选择合适的哈希函数。

为了避免碰撞，哈希函数的一个应该具备的特性就是可以将输入的数据尽可能地"打散"。这也是哈希函数之所以被称为"散列"（hash 的本意即为弄乱、打散）函数的原因。

于是我们得到了哈希函数的构造原则，那就是：尽可能均匀、打散，避免碰撞，如图 12-9 所示。

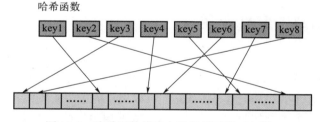

图 12-9　哈希函数将输入数据尽可能"打散"

下面列举几个常见的哈希函数，用来说明哈希函数的性质和构造原则。

1. 直接定址法

直接定址法比较简单，比如，对于一个需要存储 1970 年后的不同公历年份的某个数值（比如全国人口总数）的任务，那么最简单的方法就是将年份值减去 1970 后的结果作为该数值的哈希值，比如 1993 年对应的哈希值为 23，因此被存放到 $a[23]$ 的位置。如果想要查询某一年的人口总数，只需计算哈希值，并直接读取对应位置的元素即可。显然，这种方式虽然简单，但是可以适用的场合比较少，因此在实际应用中并不多见。

2. 除留余数法

除留余数法也很简单，其基本形式为 $h(x) = x \bmod k$，即对于输入 x 除以 k，取其余数作为哈希值。显然，这个函数的输出就被限定在 $0 \sim k-1$，只要表的长度不小于 k，这个哈希函数就是可用的。需要注意的是，为了充分利用输入数据的信息，k 往往选择比表的长度小的素数中的最大的那个。这样可以使得数据在哈希表中散布得更加均匀。

类似取余数作为哈希的这种方式在生活中也很常见。回想一下日常生活中我们取快递点取快递时，快递员一般都会对所有的快递包裹进行整理，常见的方式就是根据手机号的最后一位，将所有手机尾号相同的快递包裹摆放在一起，便于取快递时的查找。这一方式实际上就可以视为一个以 $k = 10$ 的除留余数法作为哈希函数，并用链地址法解决冲突的哈希表。通过这个方式，就不必在所有快递包裹中查找，而是直接找到手机号的哈希值对应的位置，然后进行逐个比较，找到目标包裹。之所以用最后一位也是有原因的，因为比起前面的几位数字（前三位表示运营商、中间表示行政区划），手机的尾号相对更加随机，因此更容易将所有的数据打散。便于提高查找效率。

3. 平方取中法

平方取中法的过程如下：首先，将输入数字 x 进行平方，然后，根据存储空间的大小（表的长度），取出平方数中间的若干位。举例来说：对于 $x = 1\ 453$，平方后为 2111209，假设哈希表长度为 1 000，那么取出中间的 3 位数，即可得到 $h(1453) = 112$，即该输入的哈希值。

平方取中法之所以有效，主要原因在于经过平方操作，可以扩大数字之间的差距，并且平方数的中间几位和输入数字的每一位上的数值都有关系（见图 12-10），

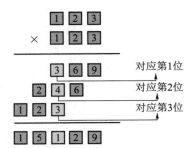

图 12-10　平方取中法得到的结果与输入数字每一位都有关

从而增加了随机性，使得能够更好地将输入打散，在散列表里分布均匀。

12.4　哈希函数的其他应用

哈希函数可以打散原始数据的性质，使其不仅可以用于建立哈希表这个任务，还可以用于其他的任务中。下面简单介绍哈希函数的其他性质，以及对应的应用场景。

哈希函数的一个主要应用场景是密码学，可以用于消息认证和数字签名。密码学中的哈希函数也满足上面所说的那些性质，如可以将数据均匀打散，并且计算速度要比较快，以及可以将不定长的数据处理称为定长的哈希值等。除此之外，根据所处理任务的不同，还可能需要满足以下几个性质。

1. 单向性

单向性的意思是，对于给定的输入 x，计算出其哈希值 $y = h(x)$ 是简单直接的，但是通过得到的哈希值 y，想要找到满足 $h(x) = y$ 的输入 x 是计算上不能实现的（见图 12-11）。单向性保证了我们只能从一个方向与适用哈希值，而无法对已经哈希加密过的内容进行反解。

2. 弱抗碰撞性

弱抗碰撞性是指给定一个输入 x 和哈希函数 h，计算出对应的哈希值 $y = h(x)$。在这种情况下，想要找到一个不同于 x 的 x'，使得 $y = h(x')$，这个目标在计算上是不可能的，如图 12-12 所示。

哈希函数应当尽可能避免碰撞。对于哈希表来说，抗碰撞可以减少效率的损耗，而对于密码领域的哈希函数来说，抗碰撞一定程度上代表了加密的安全性和签名的真实性。

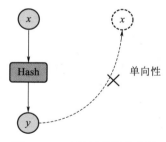

图 12-11　哈希函数的单向性

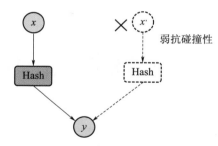

图 12-12　哈希函数的弱抗碰撞性

哈希函数的一个常见应用就是数字摘要（digital digest），或者叫作数字指纹。即将一个文件通过哈希函数映射成一个定长的字符串，用这个字符串来代表这个文件。一旦文件有所改变，由于哈希值的特性，这个字符串就会发生变化，而且，即使文件的改动很小，所生产的字符串也会有很大的变化。数字摘要用于文件校验、防篡改等任务。我们在网上下载程序的安装包或者大文件时，官网上都会提供一个数字摘要（一串字符串），用于简单高效地进行数据校验，防止下载到篡改过的文件，造成安全隐患。常见的 md5 和 sha256 等，都是用于加密的哈希函数。

哈希函数的弱抗碰撞性是数字摘要可靠性的重要保障。试想，如果没有了弱抗碰撞性，也就是说，对于一个文件，我们计算出它的哈希值（如 md5），然后，可以通过某种计算上不复杂的方式，轻松地找到一种修改方法，使得修改后的文件和原文件仍然有相同的哈希值。这样，哈希值一致无法说明文件未被篡改。因此，在密码中使用的哈希函数，对抗碰撞性要求较高。

3. 强抗碰撞性

这个性质说的是，对于哈希函数 h，找到任意一对 (x, x')，使得 $h(x) = h(x')$，即这二者具有相同的哈希值，这个任务是计算上不可行的，如图 12-13 所示。

总结来看，由于哈希函数在正向和逆向上计算的复杂性具有极大的差距，因此，对于一个给定的哈希值，想要找到它对应的原始数据，唯一的方法就是暴力穷举，对所有可能的数字进行遍历。在当前流行的区块链体系中，其核心的逻辑就是哈希算法。通过对每个区块计算哈希值，得到区块的编号。而"矿工"的"挖矿"过程，本质上可以看作是对一个哈希算法的暴力破解过程

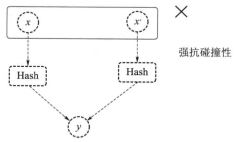

图 12-13　哈希函数的强抗碰撞性

（当然，实际过程要复杂得多），因此需要消耗巨额的算力资源。以上就是哈希函数在密码学领域中的应用举例。

第 13 章　字符串匹配的 KMP 算法

在前面的内容中，我们已经了解了算法相关的基本概念、常见的算法模式，以及一些基本的数据结构相关的算法。本章介绍几个比较著名且有趣的算法实例，借此来加深对于算法这门技术的理解。

我们就从一个常见的问题：字符串匹配和它的一个巧妙解法：KMP 算法说起。

13.1　字符串匹配问题

首先，要说明什么是字符串匹配问题。字符串匹配，不是判断两个字符串是否相等，而是从一个目标文本中找到想要的一段模式串。比如，用 Word 或者 WPS 写文档时，可能需要查找某个关键词或者一段话，如图 13-1 所示。这个"查找"功能就是字符串匹配。

为了后面便于叙述，我们将待查找的文本称为主串，需要查找的内容称为模式字符串。字符串匹配就可以被定义为从主串中查找模式串的任务。如果查找到则返回其位置，否则返回未找到，如图 13-2 所示。

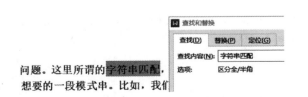

图 13-1　WPS 软件中的查找功能示例　　　　图 13-2　主串和模式字符串

如果不考虑复杂度，只考虑功能，这个任务并不难实现。最简单的办法就是暴力匹配（brute force）。将模式字符串和主串的起始位置对齐，然后对应遍历模式字符串和主串中的每个字符，如果相等则继续向后比较，直到所有模式字符串中的字符都遍历过，说明匹配成功。如果在某个位置，主串和模式字符串对应的字符不相等（一般称为"失配"），那么说明此次匹配失败，然后将模式字符串向右移动一位，重新和主串对齐，继续上述的步骤。图 13-3 所示为暴力匹配的过程。

可以看出，这种方式虽然可以实现字符串匹配的功能，但是计算量较大，当在一个很大的文档中，搜索很长的一段模式串时，这种算法就不实用了。因此需要考虑如何针对暴力方法的效率问题进行优化。

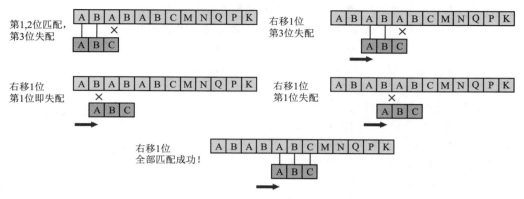

第 1,2 位匹配，
第 3 位失配

右移 1 位
第 3 位失配

右移 1 位
第 1 位即失配

右移 1 位
第 1 位失配

右移 1 位
全部匹配成功！

图 13-3　暴力匹配实现字符串匹配查找的过程

13.2　KMP 算法的思路与实现

在正式讲解 KMP 算法之前，我们先来想一想，上述暴力方法可以从哪个方面入手进行优化？

暴力匹配的计算过程可分为两个循环：外层循环和内层循环。外层循环是在当前位置失配时向右逐渐移动，内层循环是对齐的部分每个字符逐个比较。这两部分中，内层对齐后的字符比较很难避免。但是外层循环每次移动一格可以进行优化。我们可以想一下，是否有必要每次都只移动一格，有没有可能根据某种条件，一次移动若干格？

答案是有可能，这个答案基于一个朴素的观察：当主串和模式字符串在某个位置进入内循环逐个匹配字符时，在某个字符处失配跳出循环之前，前面的所有字符都已经全部匹配了。这部分信息可以被利用起来，帮助我们排除一些肯定不会匹配的位置，从而减少外循环次数，一次移动若干格，提高匹配效率。

13.2.1　利用前后缀的优化

这里要讲的 KMP 算法正是基于这个思路。KMP 算法得名于它的提出者名字（knuth，morris 和 pratt）的首字母，该算法的目的是通过对模式串的特点进行分析，在失配时利用之前匹配成功的那部分信息，确定模式串可以移动的最大距离，并保证不错过任何可能的匹配。

这个算法的关键就在于移动多格后，如何保证不错过任何一个可能的匹配？我们来看一个具体的例子，如图 13-4 所示。

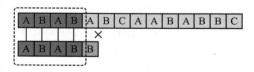

在图 13-4 的情况下，前面的 ABAB 已经完成了匹配，直到模式串的最后一位的字符 B 与主串的对应位置 A 失配，表示当前对齐位置匹

图 13-4　部分匹配后的失配示例

配失败，需要向右移动。此时发现，右移一位再匹配肯定是失败的，因为如果右移一位能匹配，至少要满足主串前四位匹配部分中的后三位 BAB，应该和模式串中的前三位 ABA

相匹配。然而显然二者不匹配，所以根本无须考察右移一位的情况。

用同样的方法分析，如果右移两位呢？此时发现，主串前四位匹配部分中的后两位 AB 和模式串中的前两位 AB 是匹配的，因此需要继续比较，也就是说不能跳过右移两位的匹配检查。所以，在图 13-4 这种情况下，下一次匹配应该将模式串右移两位继续比较。

可以看出，问题的关键在于分析在已匹配的部分中，主串的后缀和模式串的前缀完全相同的最大长度是多少。只有二者相同，才有继续考察的必要，否则就可以直接跳过且保证不错过可能的匹配。这里其实我们还有一个重要的性质，那就是匹配部分的主串和匹配部分的模式串是相同的！所以，上面的分析就变成了：已经匹配的部分中，模式串的前缀和后缀完全相同的最大长度是多少？（模式串中匹配部分的最长公共前后缀长度是多少？），如图 13-5 所示。（这部分可能有些绕，可以仔细思考一下）

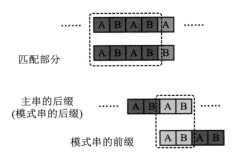

图 13-5　可以直接移动的最大距离取决于模式串中已匹配部分的最长前后缀

通过上述分析，我们成功地将问题转化成：如何求解模式串的已匹配部分（或者说：失配前的那部分子串）的最大前后缀。这个转化非常巧妙，而且也很有利于计算，因为模式串一般都是预先知道的，而且一般是比主串短很多的，既然每次移动的距离只和模式串有关，那么我们就可以预先算好各个可能失配的位置下，已匹配部分的最长公共前后缀长度，存成一个数组，后续每次失配时，只要查表就可以知道可以移动到什么位置了。

这个数组一般称为 next 数组，它表示的是每个位置失配时，前面的匹配部分的最长公共前后缀长度。首先，我们定义什么叫作一个字符串的公共前后缀。这里所说的一个字符串的前缀，是指从第一个字符开始的若干连续字符（不包含最后一个字符）所组成的子串。同理，后缀就是以末尾字符为结尾的若干连续字符的子串。我们举几个例子来说明：

（1）字符串：ACBCB，它的前缀包括：A，AC，ACB，ACBC；它的后缀包括：B，CB，BCB，CBCB。这时发现，前缀和后缀没有交集，也表明最长前后缀长度为 0。

（2）字符串：BBABB，前缀为 B，BB，BBA，BBAB；后缀则为 B，BB，ABB，BABB。对比所有的前缀和后缀，发现它们的交集为 {B，BB}，即公共前后缀，因此，其最长的公共前后缀长度就是 2。

（3）字符串：ABABAB，前缀为 A，AB，ABA，ABAB，ABABA；后缀为 B，AB，BAB，ABAB，BABAB。公共前后缀包括：AB，ABAB，于是得到最长公共前后缀长度为 4。这里的前缀 ABAB 和后缀 ABAB 之间有两个字符的重叠。

了解了这个定义后，即可计算一个模式串的 next 数组。如图 13-6 所示，next 数组的计算方式示例如下。

对于 $i = 0$，由于前面没有字符串，因此实际上 next[0] 是没有意义的。但是为了和前面有字符串但是没有公共前后缀的情况进行区分，我们将 next[0] 定义为−1。

图 13-6　next 数组的计算

继续来看，对于 next[1]，由于前面的字符串为 "A"，定义前后缀时提到过，前后缀不能包含首字符和末尾字符，因此，"A" 字符串的最长前后缀长度为 0，于是 next[1] = 0。

对于 next[3]，即 pattern[3]前面的字符串 "ABA"，前缀为 A 和 AB，后缀为 A 和 BA，最长公共前后缀就是单个字符的字符串 "A"，于是 next[3] = 1。

最后一个 next[4]，需要考察字符串 "ABAB"，公共前后缀为 "AB"，因此 next[4] = 2。至此，我们就得到了模式串对应的 next 数组。

下面用一个具体的例子，来看一下 next 数组是如何应用的，如图 13-7 所示。

下面对照图 13-7 梳理一下 KMP 算法的处理过程。首先，模式串和主串开头对齐，字符依次匹配，前面 4 个字符都匹配成功了，到了第 5 个字符 pattern[4] = B 时与主串字符 A 失配，这时，需要查找 next 数组，找到 next[4] = 2。这说明应该将模式串向右移动，使得模式串的前 2 个字符与当前的后 2 个字符的位置对齐。

对齐之后，由于 next 数组的获取就是利用的公共前后缀，因此，模式串的前面两个字符肯定是匹配的，不需要再比较，只需从第 3 个字符，也就是 pattern[2] 开始比较即可。看到这里，大家应该明白为什么最长前后缀数组叫作 next 数组。当某次比较在 pattern[i] 的位置失配时，只需将模式串的当前位置指向 pattern[next[i]]，这个字符就是下一个（next）要进行比较的字符。

继续比较下去，发现又一次在 pattern[5]对应的位置失配，继续将当前模式串的指针指向 pattern[next[5]]，即 pattern[2]。结果这次 pattern[2] = A 与主串的 C 直接不匹配。这时，需要找到 next[2]，看看下一次需要从哪里继续比较。由于 next[2] = 0，说明我们应该从模式串的开头来进行比较。结果，模式串的开头也是 A，仍然失配，查找 next[0]，发现这里的值为 -1，这说明当前位置已经无法匹配，需要将主串的指针向后移动一格，然后重新对齐模式串开头，开始新一轮的匹配。

后面的过程也是类似的，先进行匹配，在失配时查找 next 数组找到下一个比较的起始位置。如果到达首位仍然失配，那么主串和模式串都向后移动一格，再继续比较。最终，模式串和主串中的一部分 "ABABB" 完全匹配上，算法结束，返回完成匹配的位置。

在整个过程中还可以发现一个特点：那就是主串上的指针在 KMP 算法运行过程中是一直向后走的（或者停止），没有回退（我们回想一下暴力匹配的方法，每次都要再回到前面的地方重新匹配）。这个特点的一个好处就是它可以实时处理在线的数据，如主串是一个数据流，或者由于数据较大需要边读取边匹配，这种情况 KMP 算法都可以很好的处理。

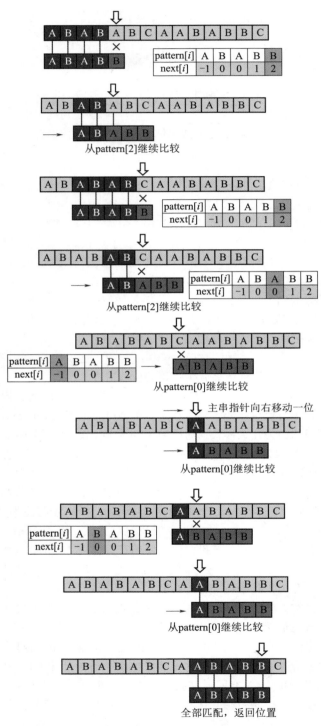

图 13-7　利用 next 数组的 KMP 匹配算法示例

下面，用代码实现这个过程。KMP 算法需要输入主串、模式串及其对应的 next 数组，在这里先假设 next 数组已经提前计算好，见代码 13-1。

代码 13-1　KMP 匹配算法

```
1. def kmp (main_str, mode_str, next_arr) :
2.      # 初始化主串指针 i 与模式串指针 j 都为 0
3.      i, j = 0, 0
4.      # 如果没有完成比对, 继续进行
5.      while i < len (main_str) and j < len (mode_str) :
6.          # 如果 next[0] 仍未匹配, 说明失配位置前面的所有都不会再匹配
7.          # 如果主串和模式串的当前位置相等, 说明此位置已匹配上
8.          # 上述两种情况都需要各自指针都向右移动
9.          if j == -1 or main_str[i] == mode_str[j]:
10.             i += 1
11.             j += 1
12.         # 如果失配, 且未到 next[0], 跳转下一个可能的匹配位点
13.         else:
14.             j = next_arr[j]
15.
16.     # 如果模式串先完成遍历, 说明找到了一个主串中完全匹配部分,
17.     # 返回主串中匹配到的起始位置
18.     if j == len (mode_str) :
19.         return i - len (mode_str)
20.     else:
21.     # 否则说明主串先遍历完而模式串未遍历完, 没有匹配到
22.         return -1
23.
24.
25. main_str = "ABABABCAABABBC"
26. pattern = "ABABB"
27. next = [-1, 0, 0, 1, 2]
28. res = kmp (main_str, pattern, next)
29. if res == -1:
30.     print ("主串中没有找到模式串")
31. else:
32.     print (f"找到了模式串, 在主串中的起始位置为 {res} ")
```

输出结果如下：

找到了模式串，在主串中的起始位置为 8

13.2.2　next 数组的计算

下一步就是如何确定这个 next 数组。当然，在模式串长度比较小的情况下，对于每

次遍历求解 next[k]，可以直接取出长度为 $k-1$ 的子串的前 i 个字符组成的前缀和后 i 个字符的后缀，判断是否相等，然后逐渐增加 i，直到不相等或者 $i=k-2$ 为止。

那么，如果模式串比较长，这个过程能否有更优的解决办法呢？

由于我们要按顺序求解 next 数组中的每个值，如果前面的元素的值，如 next[0]，next[1]，next[2]，…next[k]都已经算出来了，能否利用这些信息来简化对于后面的值，如 next[$k+1$]的计算呢？这时你可能会发现，这个思路和 KMP 算法本身是完全类似的。

假设已经求出来了 next[0]，next[1]，next[2]，…，next[k]，那么应该如何求 next[$k+1$]呢？如果 next[k] = M，那么说明 pattern[0…$M-1$] = pattern[$k-M$…$k-1$]。下面应该比较的就是 pattern[M]和 pattern[k]是否相等，需要分情况讨论。

第一种情况如图 13-8 所示，即 pattern[M] = pattern[k]，这时，对于 pattern[0…k]这个子串来说，前面的长度为 $M+1$ 的前缀 pattern[0…M]和同样长度的后缀 pattern[$k-M$…k]相等。因为 pattern[0…$M-1$] = pattern[$k-M$…$k-1$]已经是 pattern[0…$k-1$]这个子串的最长的公共前后缀了，因此 pattern[0…M] = pattern[$k-M$…k]也是 pattern[0…k]这个子串的最长前后缀（回想一下动态规划中的相关内容）。这种情况下，显然 next[$k+1$] = next[k]+1。

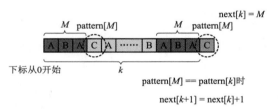

图 13-8　next 数组的递推求解情况之一

另一种情况稍稍有些复杂了，那就是 pattern[M] ≠ pattern[k]。如图 13-9 所示，无法将 pattern[0…$M-1$]和 pattern[$k-$+…$k-1$]各自向后续一个字符，那么就需要重新找匹配。假设此时 next[$k+1$] = x，那么根据定义 pattern[0…x] = pattern[$k-x$…k]。这两个子串的相等，必然使得 pattern[0…$x-1$] = pattern[$k-x$…$k-1$]，这个等式两侧表示的正是 pattern[0…$k-1$]的前缀和后缀。也就是说，重新找匹配时，我们需要先找到 pattern[0…$k-1$]的一个公共前后缀，同时希望这个公共前后缀尽可能大，然后再比较后面一位能否匹配，如果不能再找次大的公共前后缀，依此类推。

结合图 13-9 来说明：首先，pattern[0…$k-1$]的最长公共前后缀就是 ABA，但是由于向后续一个字符之后，前缀 ABAC 和后缀 ABAB 不再相等，因此需要退回去，再从前缀 ABA 中找一个新前缀，从后缀 ABA 中找一个新后缀，使得这个新前缀和新后缀相等且尽可能大，然后再比较后一位是否能匹配。由于前缀 ABA 和后缀 ABA 相同，那么，找新前后缀，实际上就可以看作在前缀子串 ABA（pattern[0…$M-1$]）中寻找自己的最长公共前后缀。而这个值就是 next[M]。换句话说，如果 pattern[M]和

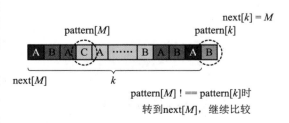

图 13-9　next 数组的递推求解情况之一

pattern[k]不相等，那么应该将当前的已匹配的前后缀缩短为 next[M]，然后比较后一位。如果还不匹配，继续进行上述过程。直到最终完成匹配，或者缩短到 0 仍然没有匹配，返回结果。

　　将这个求解 next 数组的过程用代码实现，见代码 13-2。

代码 13-2　next 数组求解算法

```
1. def get_next_array (mode_str) :
2.     next_arr =[0 for _ in range (len (mode_str) ) ]
3.     next_arr[0]= -1
4.     # 初始化，i 为待填充 next 数组的元素下标，k 表示当前子串匹配最大长度
5.     i, k = 0, -1
6.     while i < len (mode_str) - 1:
7.         if k == -1 or mode_str[i]== mode_str[k]:
8.             # 如果当前 i 的值与当前最大匹配长度 k 下标的值相等
9.             # 说明 next_arr[i + 1]= next_arr[i]+ 1 (= k + 1)
10.            # 这里可以先右移 i，并且将 k 加 1，赋值到此处
11.            i += 1
12.            k += 1
13.            next_arr[i]= k
14.        else:
15.            # 如果当前失配，则相当于用模式串自身与自身失配
16.            # 下一个需要实验 k，如果仍不能匹配，再继续向前找
17.            k = next_arr[k]
18.    # 模式串所有元素遍历完成后返回
19.    return next_arr
20.
21. next = get_next_array (pattern)
22. print ("next 数组为：", next)
```

输出结果如下：

```
next 数组为：[-1, 0, 0, 1, 2]
```

　　至此，我们讲完了 KMP 算法的基本内容。可以看出，通过对于问题的深入理解和巧妙的算法设计，可以有效节省冗余的操作，提升效率。实际上，由于字符串匹配是一个很常见且通用的问题，除 KMP 算法以外，还有很多种经典的算法被提出用来处理这个问题，比如 Rabin-Karp 算法、Sunday 算法等。在此就不再展开一一介绍，有兴趣的可以去了解它们各自的原理和设计思路。

第 14 章　最优分配的策略：匈牙利算法

本章介绍一个图算法问题——二分图匹配，以及它的一个简单但巧妙的实现算法，即匈牙利算法。我们先来介绍二分图匹配问题的定义和应用场景。

14.1　二分图匹配问题

在前面介绍数据结构的内容中，已经介绍过图和图的一些相关算法。这里要处理的是一种特殊的图结构，叫作二分图或二部图（bipartite graph）。图 14-1（a）所示为一个二分图，图 14-1（b）所示为一个普通图的结构。二分图的特点是所有顶点可以被分成两组不相交的子集，并且对于图中每条边来说，它的两端连接的顶点分别属于这两个不相交的子集。

二分图的结构是对于很多类似问题而抽象出来的，因此它有很多对应的实例或者应用。比方，我们可以将左侧的一组顶点代表工人，右侧的顶点代表需要执行的任务或工作，每个工人和他会做的工作之间就可以有线连接。这样，每个左侧的顶点就

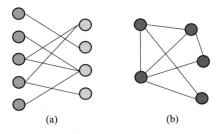

图 14-1　二分图结构和普通图结构

会连接到右侧的零到多个顶点（每个工人可以有多个会做的任务，也可能没有会做的任务），而右侧的顶点也会连接到左侧的零到多个顶点（每个任务可能有多个人做，也可能所有人都不会做）。这样的二分图就是一个抽象后的任务分配图。类似地，如果把左侧和右侧的顶点分别用来代表男人和女人，有无边连接代表是否愿意交往，那么这个图就成了一个相亲匹配图，等等。这类实例都具有类似的特性，因此对于二分图的分析和研究，就可以用于处理符合这类特点的同一类问题。

下面说明什么叫作二分图的匹配（match）。对于一个二分图，如果它的任意两条边都不共用顶点，或者换句话说，每个顶点最多不能连接超过一条边。那么这种情况就叫作二分图的一个匹配，匹配用边的集合的形式来表示。对应上面的例子来说，那就是每个人最多只能作一个任务，而一个任务也最多只能由一个人干，以及一个男人最多只能确定一个女人作为伴侣，女人也同理。满足这种情况的就是一种匹配。

直观来说，二分图的匹配实际上就是左侧和右侧的顶点之间加入连线（边）的过程。加入一条边的原则就是不能和已经有的边抢顶点，并且只能从图本身已有的边（已有的连线）里面选择，不能增加新边。我们可以想到，这样的匹配实际上可能有很多种，如果匹配到这样的一个状态：没有再可以加边的顶点对，并且当前的匹配的边的条数是所有可能的匹配中最多的，那么，这种匹配就被称为最大匹配。仍如上述的例子，最大匹配表明最合适的工作分配，使得尽量多的人有活干，并且不抢同一个任务。最大匹配也表明尽

可能多的男女双方找到符合自己意愿的合适的伴侣，而且相互之间不冲突。

下面我们就来看一看如何求解二分图的最大匹配。

14.2　匈牙利算法的思路

我们设定这样一个二分图，如图 14-2 所示。

用这个二分图表示一组男生和一组女生的配对关系。比如：男生 A 与女生 F、G、H 有边连接，说明 A 和 F、A 和 G、A 和 H 都可以配成一对。对于男生 B，则只能和女生 F 配对，依此类推。为了达到只能一男一女的配对，可以有多种方案，比如图 14-3 就给出了两种匹配方案。

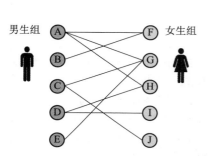

图 14-2　男生与女生配对的二分图示例

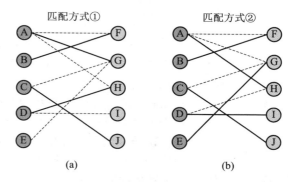

图 14-3　两种不同的匹配方式

由图 14-3 可以看出，这两种匹配都符合每个男生只和一个女生配对，反之亦然。但是匹配方式①只能匹配 4 对（可怜的男生 E 因为只有 G 和自己配对但被 A 抢走而落了单），而匹配方式②则可以将这 5 对男生女生都匹配好。右侧就是这个二分图的一个最大匹配。那么，我们如何找到这样的匹配呢？

我们先来最直观地思考一下这个问题。参考图 14-2，从上往下看，A 可以和 F、G、H 配对，我们就不妨先让 A 和 F 匹配上。然后继续往下看，此时发现，B 只能和 F 配对，但是由于前面 A 和 F 已经匹配了，因此他就无法和 F 匹配了。

不过我们还有办法，由于 A 和 F 的匹配使得 B 不能与 F 配对，但我们知道，A 不一定非要和 F 配对，他可以换一个伴侣 G，这样 F 就可以空出来给 B 配对了。这样就能多匹配一对了。实际上，匈牙利算法作二分图匹配正是基于这样一个简单的思路：如果前面已经匹配的更换配对目标后可以让后面多一个匹配，那么就把之前的匹配更换掉。

实际上，有一种非常简洁的方式来表示上面这种操作。首先，我们来定义一个路径，叫作增广路（augmenting path）。增广路是指从一个未匹配点出发，按照"未匹配-匹配-未匹配-匹配-……-未匹配"这样一种交替的方式，到达另一个未匹配点的路径。在这个路径中，两个端点都是未匹配点，中间都是"匹配"和"未匹配"交错的边连接。

如图 14-4 所示，如果当前已经将 C 和 G 匹配了，那么从 A 出发，A-G-C-J 这个路径就是一条增广路。增广路有什么作用呢？其实从名字就可以看出来，这种路径有一个很好的性质，那就是如果将每个边"反转"（"匹配"变为"未匹配"，"未匹配"变为"匹配"），这个路径上的匹配边就会增加一条。这样，获得更多的匹配这个目标就可以通过不断找到途中的增广路并且将它反转来实现了。这就是二分图的匈牙利匹配算法的基本思路。

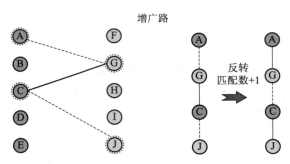

图 14-4　增广路示例与增广路反转

我们可以用之前直观的思维理解增广路反转这个操作：对于 A-G-C-J 这条增广路的反转，可以看作是这样一个过程：我们希望给 A 找到一个匹配右边的点，然后我们找到了 G，但是 G 及和 C 匹配了，于是我们希望 C 能不能找到另外一个有边连接的未匹配点，这样就可以把 G 释放掉，留给 A 匹配。于是我们将 C 匹配给了 J，而 C 和 G 的连接就被释放掉了，这样 A 就可以与 G 匹配了。这个过程就是将 A-G-C-J 这条增广路反转。对于更长的增广路的反转也是同理，都是前面的顶点要等后面顶点的匹配对象的匹配到别处，从而释放掉后面顶点之后，才能和它进行匹配。这样的操作都可以归结为增广路反转。

一个完整的匈牙利算法实现无权二分图最大匹配的过程。

如图 14-5 所示，从左边的顶点从上到下开始匹配。

首先匹配 A，按照顺序，将它匹配到 F，此时有一条匹配边；

其次匹配 B，由于 B 只能匹配 F，所以沿着 F 已匹配的边找增广路，于是得到了 B-F-A-G（图中的虚线和实现分别代表未匹配和已匹配）。将该增广路反转，相当于让 A 换成去匹配 G，从而释放出 F 供 B 匹配，此时匹配边数为 2；

然后匹配 C，按顺序先将它匹配给 G，同样遇到了 G 已经被匹配的问题，继续找增广路，于是得到增广路 C-G-A-H，将其反转，于是 C 和 G 匹配上，A 匹配了 H，此时匹配边数为 3；

再次匹配 D，同样找增广路，我们看到 D-H-A-F-B 这条路径中，B 没有可以换的匹配对象了，也就是它以匹配点结束了，因此不是增广路，反转它并不能增加匹配数，需要继续考虑。将 A-F 这个可能的匹配换成 A-G，那么 G 需要 C 将它释放掉，而刚好 C 可以有另一个备选 J。于是我们找到了一条增广路：D-H-A-G-C-J，反转后总匹配边数变成了 4；

最后一个和上面类似，找到了 E-G-A-H-D-I 这条增广路，反转后又增加了一条匹配边数，此时总匹配边数为 5，达到了最大匹配。算法结束。

下面用代码来实现这个过程，见代码 14-1。

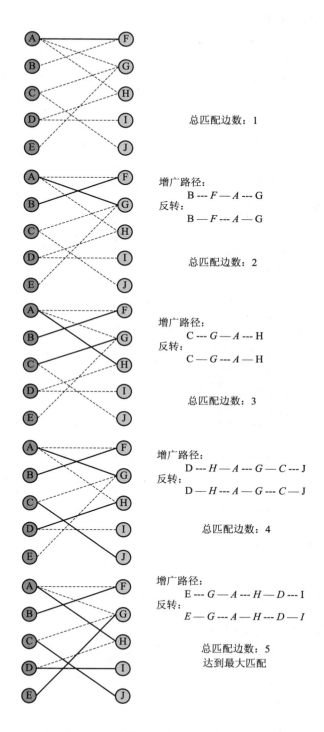

总匹配边数：1

增广路径：
B --- F — A --- G
反转：
B — F --- A — G

总匹配边数：2

增广路径：
C --- G — A --- H
反转：
C — G --- A — H

总匹配边数：3

增广路径：
D --- H — A --- G — C --- J
反转：
D — H --- A — G --- C — J

总匹配边数：4

增广路径：
E --- G — A --- H — D --- I
反转：
E — G --- A — H --- D — I

总匹配边数：5
达到最大匹配

图 14-5　匈牙利算法实现无权二分图最大匹配

代码 14-1　无权二分图的匈牙利匹配算法

```
1. def hungarian_match (G) :
2.     num_x, num_y = len (G) , len (G[0])
3.     # 建立匹配列表 y_match, 其中第 i 项表示右侧集合 Y 的 i 匹配的 X 中的元素下标
4.     y_matched =[-1 for _ in range (num_y) ]
5.     y_visited =[0 for _ in range (num_y) ]
6.
7.     # 匹配一个 X 集合的值, 通过递归实现
8.     def match (x) :
9.         # 对所有可能的 y 进行遍历
10.        for y in range (num_y) :
11.            # 如果可达并且 y 没有被访问过, 则进行尝试匹配
12.            if G[x][y]== 1 and not y_visited[y]:
13.                y_visited[y]= 1
14.                # 如果该 y 点没有匹配, 则匹配给 x
15.                if y_matched[y]< 0:
16.                    y_matched[y]= x
17.                    return True
18.                else:
19.                    # 否则递归寻找另一个匹配点, 相当于反转增广路
20.                    another_y = match (y_matched[y])
21.                    # 如果找到了, 说明通过反转增广路的方式为该 y 点找到了一个匹配
22.                    if another_y:
23.                        y_matched[y]= x
24.                        return True
25.        # 如果所有的 y 都不能和 x 匹配, 说明现在的状态下无法匹配 x, 返回 False
26.        return False
27.
28.    # 对每个 x 遍历, 记录能匹配的边的数量
29.    match_num = 0
30.    for x in range (num_x) :
31.        y_visited =[0 for _ in range (num_y) ]
32.        if match (x) :
33.            match_num += 1
34.
35.    return match_num, y_matched
36.
37.
38. G =[[1, 1, 1, 0, 0],
39.     [1, 0, 0, 0, 0],
40.     [0, 1, 0, 0, 1],
41.     [0, 0, 1, 1, 0],
42.     [0, 1, 0, 0, 0]]
```

```
43.
44. max_match, match_result = hungarian_match (G)
45. print ("最大匹配数为: ", max_match)
46. print ("匹配方式为: ")
47. for y in range (len (match_result) ) :
48.     print (f"左侧集合 {match_result[y]} 匹配右侧的 {y} ")
49.
```

输出结果如下：

```
最大匹配数为：5
匹配方式为：
左侧集合 1 匹配右侧的 0
左侧集合 4 匹配右侧的 1
左侧集合 0 匹配右侧的 2
左侧集合 3 匹配右侧的 3
左侧集合 2 匹配右侧的 4
```

　　可以看到，在代码实现匈牙利匹配算法时，用到了递归的方法。只要可以记录节点是否在当前的匹配过程中是否已经被访问，以及已经匹配的边，那么就可以通过递归去测试是否可以沿着增广路进行反转，为新来的元素腾出位置。最后，只要遍历左侧节点的所有元素，并且记录并更新匹配的结果，即可实现一个匈牙利匹配。

第 15 章　简单有效的推荐：协同过滤算法

本章介绍一个和我们日常生活息息相关的场景及用于该场景的一种直观易懂的算法，这就是可以被用于各种推荐系统的协同过滤算法。首先，介绍推荐任务的定义，以及它的场景和需求。

15.1　推荐任务简介

推荐（recommending）是我们现代社会生活中无处不在的一种行为，虽然现在的语境下推荐特指基于互联网和大数据的新闻或者商品类推荐，但是推荐的思路我们肯定并不陌生。比如，在超市的货架上，相似或者相关的产品总是被放在一起，以便让你购买更多的东西，这就是推荐的一种现实的形式。想必很多人都听说过一个"啤酒与尿布"的经典案例：通过数据分析，人们发现超市里的啤酒和尿布的共同购买的次数很多，于是分析发现：由于母亲要在家带娃，所以出来买尿布的是父亲居多，所以他们往往也会顺便给自己买点啤酒。于是超市就可以将啤酒和尿布放得近一些，从而达到推荐的目的。可以看出，通过一定的数据分析，即便乍看上去毫不相干的事物，也可以看到它们真实的关联，并且从中得到收益。而设计推荐算法的本意，也正是通过算法让这个过程得以自动化、数据化和普遍化，从而在海量的数据中抽丝剥茧，达到增加销售收入，同时也方便用户的目的。

基于互联网的推荐行为更是嵌入我们生活的点点滴滴，比如网易云音乐的音乐推荐、今日头条的新闻热点推荐、YouTube 上的视频推荐、豆瓣的图书推荐、淘宝的商品推荐……这些工作在本质上来说都是类似的，即通过收集大量用户的各种特征数据和历史浏览数据，为每个人提供符合自己的信息流，尽量做到"千人千面"，为用户提供个性化的服务。这种通过数据和算法提供推荐服务的后台系统就是推荐系统（recommending system）。

在推荐系统还没有在信息推送任务上大规模实用之前，供应商对用户推送内容，往往是通过看热门程度，或者人工筛选可能有关注度的内容，将新闻或者产品以同样的方式推给不同的用户。那么，为什么要用推荐系统去替代它呢？或者推荐系统的优势在哪里？

为了说明这个问题，首先需要了解一个概念：长尾效应（long-tail effect）。

长尾效应是指这样一种现象：在一个需求市场中，少量的特定热门产品往往占据很高的流行度（包括销量、粉丝数等），而大多数产品则流行度较低。我们将高流行度的产品称为头部，而那些流行度低但是数量很多的产品称为尾部（见图 15-1）。比如，在某个平台上，粉丝数大于 100 万的创作者数量很少，但是他们聚集了整个平台的很大比例的粉丝，而相比之下，大多数创作者都是只有零星的粉丝。长尾效应就是指在这一一个分布中，尾部的产品其实聚集了大量的市场潜力。

为什么这么说呢？虽然这些尾部产品知名度或者流行度不高，但是它们在数量上要远多于那些热门产品，因此如果将它们全部都能利用起来，它的总收益是可观的。我们之所以通常会选择热门产品推送，实际上主要是因为推荐它们更加容易被接受，而不推荐冷门的尾部产品，更多的是不好将它准确匹配到需求方。而借助推荐算法，我们可以更好地将尾部的那些所谓小众产品准确地推送到可能对它们有兴趣的用户那里，这样就可以使尾部特殊的、个性化需求的那部分效益得到释放，这就是推荐系统的魅力所在。

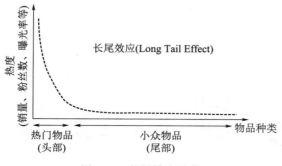

图 15-1　长尾效应示意

　　大体来讲，推荐系统分为两个环节：召回和排序。首先，需要从全量物品中找到一个备选子集，这个过程就是召回，然后对找到的这些物品进行排序，展示给用户。比如，我们在手机端刷新一下 B 站的推荐页，就会看到 10 个新的视频，这 10 个视频是从平台大量的数据库中根据你的兴趣偏好捞出来，并且按照一定的规则进行排序的。

　　协同过滤（collaborative filtering，CF）就是一种常用的召回策略。其原理和思想比较直接，符合逻辑和常识，而且实现步骤也很简洁。下面结合一个模拟案例，介绍协同过滤的原理和实现方法。

15.2　协同过滤的原理与方法

　　本节主要介绍协同过滤的思路的出发点，以及它的两种具体的实现方式：基于用户的协同过滤和基于物品的协同过滤。

15.2.1　协同过滤的思路

　　协同过滤基于生活中的两个基本的经验规律：第一，兴趣相似的人倾向于选择相似的物品。比如，两个人 A 和 B 都喜欢古典音乐，那么，A 的播放列表里可能有很多音乐也是 B 喜欢的。第二，如果两个物品 M 和 N 被很多人同时选择了，那么说明这两个物品之间有一定的相似性。比如，键盘和鼠标经常被相同的人购买，说明二者之间有一定的相关性。上面提到的啤酒和尿布的例子也是属于这种。

　　协同过滤就是基于这种现实中存在的相互关系来进行推荐的。根据上面提到的两个经验规律，协同过滤的主要实现方法也有两种：基于用户的协同过滤（user-based CF）和基于物品的协同过滤（item-based CF）。下面分别介绍这两种实现方法。

15.2.2 协同过滤算法的实现方法

首先来看基于用户的协同过滤。这种方式就是根据上面所说的第一个经验规律，那就是相似的用户有相似的需求，根据用户之间的相似性来推荐物品。我们在生活中也经常会用这种思路来作推荐，比如，我们打听最近有什么电影或者新书好看时，一般也会去找和我们兴趣相同的人去问。那么，如何用数学的方法实现这个过程呢？

第一个问题就是如何计算两个人的兴趣的相似度。如果可以找到和我们的目标用户兴趣最相近的人群，就可以用这些人所购买的物品（或者所喜欢的对象）来对目标用户做推荐了。设想我们是一个书籍的推荐系统，这个系统中有用户的历史阅读信息，如图 15-2 所示。

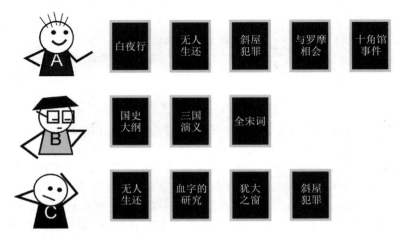

图 15-2　用户的阅读历史记录书单

我们看到，ABC 三人分别标记了自己所阅读的书籍，其中有些书籍有重合。我们希望从这些用户的历史标记中发现他们兴趣的相似性。如果我们将书库里的所有书做成一个列表，每个元素代表一本书，如果用户阅读过这本书，那么这本书所在的元素就赋值为 1，否则为 0，那么我们就为每个用户得到了一个向量，如图 15-3 所示。

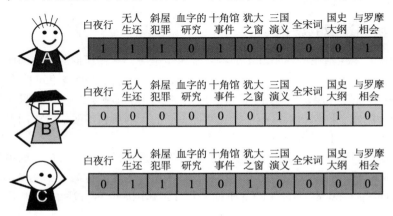

图 15-3　根据历史记录形成的用户的特征向量

这个向量就可以看作对应用户的特征向量，计算这个向量的相似程度（当然也可以直接用物品的集合来进行计算），就可以判断目标用户与其他用户的相似程度，然后我们用距离他最近的用户的书单为他进行推荐。

那么，这个相似度用怎样的度量比较好呢？最直接的想法就是求集合的交集，或者说向量乘积并求和（内积运算），如图 15-4 所示，A 和 C 的相似度为 2，因为他们有两个共同物品；而 A 和 B、C 和 B 的相似度都为 0，即没有共同的历史记录。

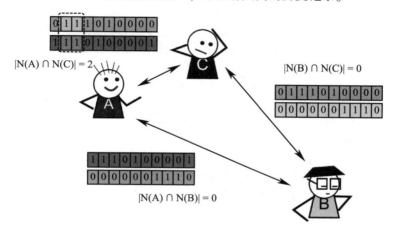

图 15-4 通过历史物品交集数量计算用户相似度

但是这样也会有些问题，比如，有一个人兴趣非常广泛，博览群书，各种类型的书都读过，那么单纯从计算交集的角度来看所有人都会跟他更接近，如图 15-5 所示。这样可能会导致很多人都会将他作为近邻，用他的书单来做推荐，但这样是低效的。如图 15-5 所示，如果计算交集，那么 A 和 M 相似度为 4，A 和 L 相似度为 5。但是我们具体来看就可以知道，A 和 M 大概率都是推理小说爱好者，但是 L 除了爱好推理小说，还对国学和科幻感兴趣，那么如果用它的历史书单，为 A 推荐了《全宋词》和《国史大纲》，大概率是不会有效果的。所以，应该对这种情况进行处理。

一个简单的改进策略就是将物品交集数量用待比较二者的物品列表的数量进行归一化。这样一来，历史标记多的用户与其他用户相似度都比较高的问题可以得到缓解，一个常用的归一化的相似度计算就是余弦相似度（cosine similarity）。其计算公式如下：

$$\text{CosSim}(A,\ B) = \frac{|\ N(A)\ \cap N(B)\ |}{\sqrt{|\ N(A)\ |\cdot|\ N(B)\ |}}$$

余弦相似度实际上就是将用户的列表向量之间作求夹角余弦（两向量内积除以两向量模值的几何平均值，上面计算的交集个数实际上就是向量内积），如图 15-6 所示。

实际上，除了余弦相似度，还有很多其他公式可以表征两个用户数据之间的相似程度，比如各种距离度量、集合的 Jaccard 系数、Pearson 相关系数等，它们的目的与这里的余弦相似度相同，适用于不同的场景和数据类型。

下面来讨论一些基于用户的协同过滤（user-based CF）的实现方法。

基于用户的协同过滤的输入数据应该是一个用户–物品表，其中每一行代表一个用户（记用户总数为 N），存储的内容为每个用户的物品列表。

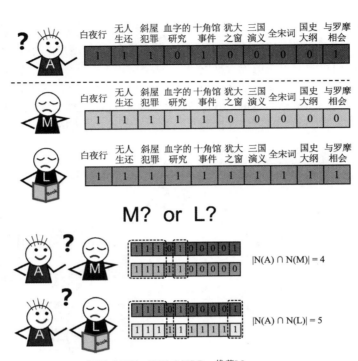

M? or L?

$N(A) \cap N(L) > N(A) \cap N(M)$ 推荐L?

M? or L?

$N(L) > N(M)$ 用户L感兴趣的物品基数较多

图 15-5 对于历史物品多的用户交集的度量会失效

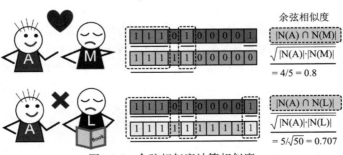

图 15-6 余弦相似度计算相似度

（1）根据用户–物品表，统计各个用户的物品总数，即将这个表格逐行求和，每行得到一个结果。这个结果就是用于后面的归一化（余弦相似度的分母）计算的数值，如图 15-7 所示。

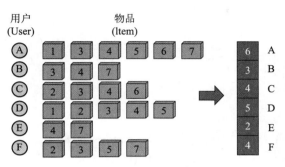

图 15-7　计算各个用户标记物品总数

（2）建立物品–用户倒排表，即每一行为一种物品，标记了该物品的用户列表作为这一行的内容，如图 15-8 所示。这个步骤主要是为计算效率的提高，具体原因后面详述。

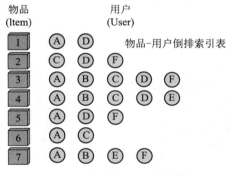

图 15-8　建立物品–用户倒排表

（3）建立一个 $N \times N$ 的用户相似度矩阵 D，并将其中元素都初始化为 0，然后根据倒排表，遍历每个物品，对于其对应的用户列表中的每两个用户（记作 i 和 j），将 $D(i, j)$ 和 $D(j, i)$ 加 1（由于相似度矩阵是对称的，因此可以将 i 和 j 排序后，只处理上/下三角矩阵），最后，利用（1）中得到的结果对矩阵 D 进行归一化，将交集数量变成余弦相似度（见图 15-9）。

（4）对于某个用户，可以从 D 矩阵中找到和它最相似的一些用户，然后用这些用户标记的物品对该用户进行推荐。

下面来说明为什么要先做一个物品–用户倒排表。我们设想，如果直接用用户–物品表来统计用户相似度矩阵，那么对于某一个用户的物品列表，都要遍历所有用户来确定他们共同物品。每一次比较都需要将用户 A 的物品列表中的每一个去查询是否在用户 B 的列表中，这个操作无疑复杂度非常高。而物品–用户倒排表对于每个物品进行遍历，只需要对标记了该物品的用户两两取出，并且将他们对应的相似度矩阵的位置加 1 即可，这样做可以降低实际中计算用户相似度矩阵的复杂度，提高算法效率。

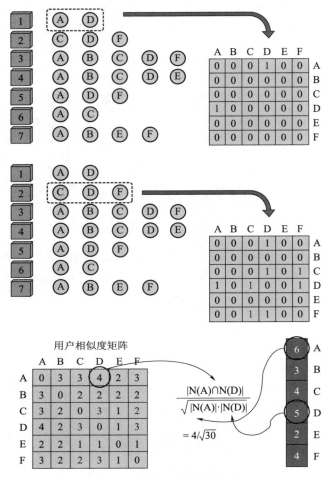

图 15-9　计算用户相似度矩阵

当然，基于用户的协同过滤也有一定的局限性：首先，在需要推荐系统的平台，一般来说用户数会大量增长，如果维护用户相似度矩阵，那么这个矩阵将会变得很大；另外，并不是所有用户都有丰富的物品的历史记录，因此很多情况下相似度计算也很困难。与此相比，系统中的物品可能相对较为固定（如电影、书籍、商品品牌和类目、大 V 自媒体等），因此可以用物品相关性进行推荐，这就是基于物品的协同过滤。

在操作方面，基于物品的协同过滤和基于用户的协同过滤基本一致。如图 15-10 所示，首先建立用户–物品倒排索引表，对于两个物品，它们在同一个用户的历史记录中共同出现的次数越多，说明这两个物品就越是相似。然后计算一个物品相似度矩阵，并基于该矩阵为标记了某物品的用户推荐相似度高的相关物品。

到这里我们似乎已经找到了一种简单的利用用户–物品的关系进行推荐的基础版本的推荐系统，可是这个算法是否还有提升的空间，或者还有什么其他问题？我们再重新回到基于用户的协同过滤中的余弦相似度计算步骤，我们在这里直接将两个用户的物品列表求

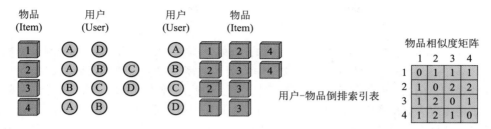

图 15-10　基于物品的协同过滤流程

了交集并计算了总数。这个操作实际上将所有物品放在了同等地位，赋予了相同权重。但是这里带来了一个问题，那就是：热门商品和冷门商品刻画用户兴趣的能力是不相同的。

如图 15-11 所示。这两个用户的交集中有三本书，如果按照之前的方法，三本书对于刻画这两个人的相似度的贡献是一样的。然而，我们凭经验可以知道，买过《5 年高考–3 年模拟》的人数非常多，购买《水浒传》的其次，购买《恐惧与战栗》这本书的人相对较少（甚至听说过的都不多）。由此来看，《5 年高考–3 年模拟》的预示能力较弱，应当降低权重，而《恐惧与战栗》的权重应当提高，因为如果都读过这本书，说明两个用户可能都有文学或哲学相关的兴趣偏好。

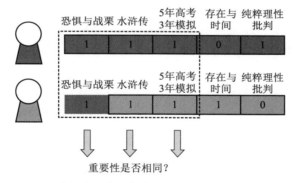

图 15-11　热门商品与冷门商品预示用户兴趣的能力不同

我们可以再举一个例子：设想这样一个任务，基于我们安装 app 的列表，对新 app 进行推荐，那么，可以想见的是，任意两个用户，它们都安装微信的概率非常大，然而这并不能说明二者具有什么相似性。而如果两个用户都安装的扇贝单词，那么说明可能二者在兴趣关注（学习英语）或者当前人生阶段（准备考研、出国等）上具有一定的相似性，这种具有非普遍性的相似性才可以用来做推荐。

综上可以得到一个结论：在基于用户的协同过滤中，衡量一件物品的权重的高低，一个重要的指标就是它的覆盖度，即总共有多少人的列表里包含了这个物品。那些覆盖率很高的，反而由于它的特异性较低，不能指示用户特有的兴趣爱好，需要降低权重；反之，特异性较高的物品指示用户特殊兴趣的能力较强，应当增加权重。基于这样的考虑，一种修正方案就是对每个物品的计数时，考虑逆物品频率（inverse item frequency）对各个物品进行赋权。得到下面的公式：

$$\text{WeightedCosSim} \ (A, \ B) \ = \ \frac{\sum_{i \in N(A) \cap N(B)} \text{InvFreq}_i}{\sqrt{|N(A)| \cdot |N(B)|}}$$

这种思路在其他任务中也有应用。比如，提取一篇文章中的关键词。如果只是看词频（term frequency，TF），即某个单词在文章中出现的频率，占最多数的反而是那些无实际意义的虚词，比如："的""而且""等等"之类，这些词语并不是关键词，对于文章的内容和主题也没有概括意义。这些词的一个特点也是在所有文章中都会大量出现。因此，除了考虑某个词在某篇文章中的词频，还要考虑这个词在多少文章中都出现过，然后形成逆文档频率（inverse document frequency，IDF）。最终的排序要按照 TF 和 IDF 的乘积进行，这就是在文档关键词提取中很简单且基础的 TF–IDF 指标。对比上面的 IIF 改进的 User CF，可以发现其思想基本同源。

总的来说，就是通过物品计算用户的表征，或者用户计算物品的表征。另外，基于用户–物品共现矩阵 D，可以直接进行 SVD 分解，得到用户和物品的向量，使得用户 i 的向量 u_i 和物品 j 的向量 v_j 的内积 $u_i^T v_j = D_{ij}$。根据向量之间的关系，可以直接通过数学方式计算出某个用户对某个物品的偏好程度，用于推荐。这种方法被称为矩阵分解（matrix factorization，MF），也是推荐中常用的算法。

第 16 章　位图算法与布隆过滤器

本章介绍的也是一类简单但有效的算法，其目的是处理大数据量场景下的一些简单的操作，如检索查询、排序等，它就是位图（bitmap）算法和一个进阶版本：布隆过滤器（Bloom filter）。

16.1　大规模数据任务与位图算法

随着各类系统数据量的不断增加，大规模数据任务的分析和处理变得非常重要，这里要介绍的位图算法就是一种高效的数据存储和处理方案。

16.1.1　位图算法与检索

我们设想这样一个任务：给定 20 亿个随机非负整数（可能有重复），然后对于一个新的整数 q，如何快速判断 q 是否在这 20 亿个整数当中？

这是一个大规模数据的查找/检索的问题。数据查询和检索这类算法我们并不陌生，一个最直接的想法就是将给定的整数存下来，然后用新整数进行遍历，或者直接存成哈希表，还可以提高查找效率。一般情况下，这个思路并不错，但是对于这个任务来说，它的数据量级已经达到可能会被硬件条件限制的级别。我们可以简单计算一下，每个整数如果按照 4 个字节的 int 型来计算，那么这 20 亿个整数总共有：2,000,000,000×4 / (1 024)^3 = 7.45GB 大小，也就是说，单纯为了存放这些已有的数据，可能就要超过内存限制了，所以我们必须另谋他路。

其实，这个问题有一个简单的算法，那就是位图法（bitmap）。虽然我们的数据量规模很大，但是要对它执行的任务却很简单，仅仅是判断一个新数"在不在"这个集合中。是否存在这个信息仅仅值一个 bit，因此，我们只需要开辟一个 bitmap 数组并初始化为 0，然后对于每个 bit 位置的下标 k，如果 k 在这 20 亿个数当中，就把它置为 1，否则保持 0。如果这些数据中的最大值为 M，那么只需开辟长度为 $M+1$ 个 bit 的内存空间即可，这样一来，我们就不需要保存这些数值，而是通过 bitmap 值为 1 的 bit 位置对应的下标，就可以知道这 20 亿数据里面都有哪些数字了。

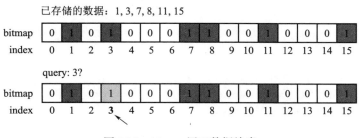

图 16-1　bitmap 用于数据检索

bitmap 用于数据检索的操作过程如图 16-1 所示。为说明方便，我们用 6 个数据代替了 20 亿数据，这个数组中最大值为 15，因此只需 16 个 bit 即可处理。首先，我们遍历要存储的数据，并将对应的 bit 置为 1（数据重复不影响）。然后，对于一个需要被查找的数字，只需将它对应的 bit 拿出来，检查是否为 1 即可。

位图算法的原理就是这么单纯，实际上它和哈希表有些类似，都是希望可以将元素的值与下标建立联系，从而可以通过值直接访问到该元素的存储位置。但是哈希表还需要一个哈希函数计算地址，并且还需要在这个地址中存放对应的数值。而位图算法并不需要，它直接将待存的元素的值作为下标，从而也并不需要存放数值，因此非常高效。在 bitmap 中，要存放的数的信息实际上被完全转移到了它对应的位置信息上。

下面用 Python 实现一个简单的 bitmap，并用它来测试上面的查找问题见（见代码 16-1）。

代码 16-1　位图算法求解数据查询

```
1. class BitMap () :
2.     def __init__ (self, max_value) :
3.         self. max_value = max_value
4.         # 用整型存放（4 字节，32bit），计算需要的整型个数（向上取整）
5.         self. int_size = int ( (max_value + 31) / 32)
6.         self. bitmap =[0]* self. int_size
7.
8.     def set_bit (self, value) :
9.         # 找到对应的 int 和 bit 位，设置为 1
10.        int_idx = value // 32
11.        offset_idx = value % 32
12.        self. bitmap[int_idx] |= (1 << offset_idx)
13.
14.    def get_bit (self, value) :
15.        if value > self. max_value:
16.            return 0
17.        # 获取指定 bit 位上的 value（0 或 1）
18.        int_idx = value // 32
19.        offset_idx = value % 32
20.        bit_value = (self.bitmap[int_idx]& (1 << offset_idx) ) >> offset_idx
21.        return bit_value
22.
23. if __name__ == "__main__":
24.
25.    data_ls =[1, 3, 7, 8, 11, 15]
26.    bitmap = BitMap (max (data_ls) )
27.    for data in data_ls:
28.        bitmap. set_bit (data)
29.
```

```
30.    # 测试 3 是否在数据列表中
31.    is_in = bitmap. get_bit (3)
32.    print ("is 3 in data list ? ", is_in)
33.
34.    # 测试 6 是否在数据列表中
35.    is_in = bitmap. get_bit (6)
36.    print ("is 6 in data list ? ", is_in)
37.
38.    # 测试 33 是否在数据列表中
39.    is_in = bitmap. get_bit (33)
40.    print ("is 33 in data list ? ", is_in)
```

输出结果如下：

```
is 3 in data list ?   1
is 6 in data list ?   0
is 33 in data list ?  0
```

在上面的代码中，我们先实现了一个 BitMap 类，其中定义了 set_bit 和 get_bit 两个操作。由于 Python 中的整数是 32bit 的，因此我们用一个整数的 list 就可以作为 bitmap，其可以存储的数量是 list 中整数元素个数的 32 倍。如果要按照 bit 位存放，那么需要首先算出这个值所在的整数的位置，然后算出在该整数（二进制形式）中的哪一位对它进行存放。类似地，取某一位的 bit 值也是同样的步骤。通过最后的测试可以看出，输出结果是符合预期的。

16.1.2　位图算法实现大规模排序

我们再考虑另一个问题：同样是给定上亿个随机乱序非负整数，如何得到它的排序后的结果？回想一下，之前已经介绍过各种各样的排序算法，但是，由于数据量太大，这些算法的开销也变得不能接受。

我们这样思考这个问题：既然数据已经给定，那么也就能知道这些数据的范围（求最大值），如果按照上述位图算法的思路，可以将这些数存成 bitmap 的形式。然后只需要从小到大遍历一次，如果某个下标对应的 bit 为 1，那就说明这个数字存在，就将它输出，否则不输出。由于我们的遍历是按顺序的，所以最终就可以得到一个排序后的数据结果。

利用前面定义好的 BitMap 类，我们可以测试一下利用 bitmap 进行排序的功能，如代码 16-2 所示。

代码 16-2　位图算法数据排序

```
1.    # 将需要排序的数据存到 bitmap 中
2.    for data in sort_ls:
3.        bitmap2. set_bit (data)
4.
5.    # 按顺序遍历，如果 bit 为 1，则添加到结果列表中
```

```
6.      sorted_ls = list ()
7.      for i in range (max (sort_ls)):
8.          is_in = bitmap2. get_bit (i)
9.          if is_in:
10.             sorted_ls. append (i)
11.     print (sorted_ls)
```

输出结果如下：

```
[1, 3, 7, 8, 11]
```

16.1.3　位图算法对已有数据查重

下面再讨论一个稍微复杂一点的问题：仍然是大规模数据的场景，如何找出其中不重复的元素？我们肯定会想到，这个任务还是需要 bitmap 的帮助，但是这里会有一个问题：普通的 bitmap 只能判断某个值在大规模数据里是否存在，也就是只能执行检索的任务，但是没有办法知道它是否重复，如图 16-2 所示。

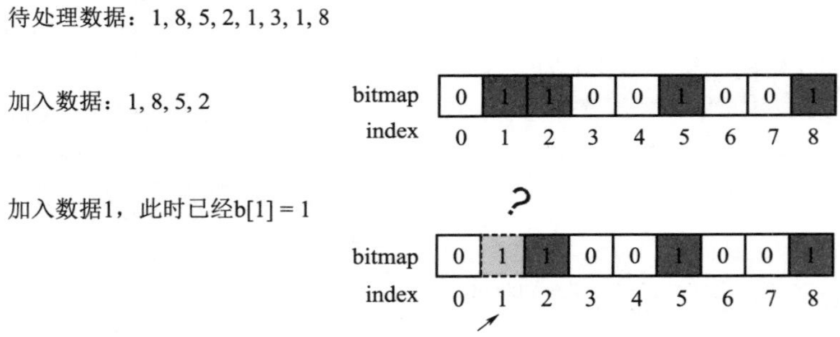

待处理数据：1, 8, 5, 2, 1, 3, 1, 8

加入数据：1, 8, 5, 2

加入数据1，此时已经 b[1] = 1

图 16-2　普通的 bitmap 无法保存重复数据的出现次数的信息

一个自然的想法是在遍历的过程中，如果发现当前 bit 位已经被置为 1，那么就将它记录成"重复出现"。但是，bitmap 中每一位置只能有 1bit 的信息，也就是存了"是否存在"的信息，就不能再存"重复出现"的信息了。试想一下，bitmap 元素唯一的操作就是 bit 反转，如果对已经为 1 的 bit 位反转，让它重新成为 0，表示它不是无重复数。那么这样一来，后面再出现一个同样的数，又无法判断是因为重复了两次变成 0，还是没出现过所以是 0 了。

所以，唯一的办法就是再加一个 bit，用于保存"是否重复出现"这个信息。这就需要再来一个 bitmap。如果某个数的第一个 bitmap 对应位置为 1，那么将第二个 bitmap 置为 1（表示该数已经重复出现了），否则保持为 0。当所有元素存完后，第一个 bitmap 对应 bit 为 1 且第二个 bitmap 对应 bit 为 0 的元素下标，就是我们要找的值，如图 16-3 所示。

该过程的代码实现如代码 16-3 所示。

待处理数据：1, 8, 5, 2, 1, 3, 1, 8

维护新的bitmap，用于判断是否重复

加入数据1，此时已经b1[1] = 1
需要令b2[1] = 1，表示重复

待处理数据：1, 8, 5, 2, 1, 3, 1, 8

最终状态

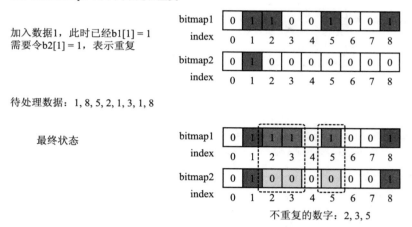

不重复的数字：2, 3, 5

图 16-3　利用两个 bitmap 实现无重复数据的查询

代码 16-3　位图算法查询无重复数据

```
1.  class ReplicateBitMap () :
2.      def __init__ (self, max_value) :
3.          self. max_value = max_value
4.          #用整型存放（4字节，32bit），计算需要的整型个数（向上取整）
5.          self. int_size = int ( (max_value + 31) / 32)
6.          #设置两个bitmap，分别记录存在性和重复性
7.          self. bitmap1 =[0]* self. int_size
8.          self. bitmap2 =[0]* self. int_size
9.
10.     def set_bit (self, value) :
11.         #找到对应的int和bit位，设置为1
12.         int_idx = value // 32
13.         offset_idx = value % 32
14.         #如果已经存过了，说明重复，bitmap2对应置为1
15.         if self. get_bit (value) [0]:
16.             self. bitmap2[int_idx] |= (1 << offset_idx)
17.         else:
18.             #没有存过的话，bitmap1进行标记
19.             self. bitmap1[int_idx] |= (1 << offset_idx)
20.
21.     def get_bit (self, value) :
22.         if value > self. max_value:
23.             return 0
24.         #获取指定bit位上的value（0或1）
25.         int_idx = value // 32
```

```
26.          offset_idx = value % 32
27.          bit_value1 = (self. bitmap1[int_idx]& (1 << offset_idx) ) >> off-
set_idx
28.          bit_value2 = (self. bitmap2[int_idx]& (1 << offset_idx) ) >> off-
set_idx
29.          return bit_value1, bit_value2
30.
31.
32. if __name__ == "__main__":
33.     replicate_ls =[1, 8, 5, 2, 1, 3, 1, 8]
34.     rep_bitmap = ReplicateBitMap (max (replicate_ls) )
35.     for v in replicate_ls:
36.         rep_bitmap. set_bit (v)
37.
38.     no_rep_ls = list ()
39.     for i in range (max (replicate_ls) ) :
40.         bit1, bit2 = rep_bitmap. get_bit (i)
41.         if bit1 == 1 and bit2 == 0:
42.             no_rep_ls. append (i)
43.
44.     print (no_rep_ls)
```

输出结果如下：

```
[2, 3, 5]
```

我们可以再拓展一下：如果是想要求的是出现过且最多出现两次的，需要几个 bitmap 呢？（实际上，上面的"不重复"就相当于说"出现过且最多出现过一次"）

我们这样考虑：要求不重复，也就相当于把范围内的所有数按照出现次数划分为三类：出现 0 次，出现 1 次，出现大于 1 次。总共三种状态，因此需要 2bit 来存储（2bit 可以表达最多 4 种状态：00、01、10、11）。而类似的，出现最多两次这个要求，将所有的数分成 4 类：出现 0 次、1 次、2 次和大于 2 次，因此 2bit 也可以够用，当第一次出现时，将对应位置的两个 bit 置为 01，第二次改为 10，第三次改为 11，如果后面再出现就可以不再进行修改该位置了。这样，最后只需打印为 01 和 10 的对应下标，即为出现且不超过两次的数。

我们还可以再继续拓展，如果要求出现且最多 N 次，那么应该需要几个 bitmap 呢？对于每个加入 bitmap 的数字应该如何计算？这个问题应该不难回答，我们留作思考，不再详述。

16.2　位图算法的改进与布隆过滤器

以上已经介绍了位图算法的强大功能，它可以用较少的空间存储进行一些简单的数据操作，尤其适合于大规模数据的场景。但是，上面介绍的最基础的位图算法也有它的一些局限性，其中一个就是空间的浪费。

16.2.1　位图算法的改进策略

回想我们建立 bitmap 的过程，首先要找到数据的最大值，然后以此来确定 bitmap 的长度。如图 16-4 所示，如果我们要存储的数据为 [1, 3, 9999, 53, 8]，那么需要开辟一个 10 000 个 bit 的 bitmap。但其实我们只存了 5 个，空间利用率只有万分之五，这就造成了空间的浪费。

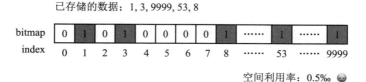

图 16-4　bitmap 可能导致空间浪费

因此，人们对 bitmap 进行了一些改进，用来减少这种空间的浪费，提高位图系列算法的效率。一个比较知名的改进就是 roaring bitmap 算法，它的基本思路：普通的位图算法之所以会导致空间浪费，主要在于它存储的数据的分布比较稀疏，就像上面的例子，在很多小数中突然出现一个 9 999。我们要解决这个问题，可以这样操作，就是将 bitmap 预先进行分段，用一个索引列表去分别指向每一段，对于每一段的 bitmap，只有当保存的实际数据中有这一段时，再开辟这个 bitmap。于是，对于上面的例子，只有开头和结尾的 bitmap 被创建并存储，其余的都不需要开辟空间（见图 16-5）。相比于一个连续的 bitmap，这种方式可以让空间利用效率得以提升。

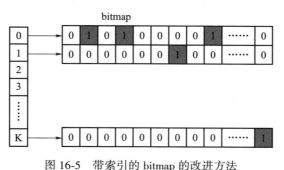

图 16-5　带索引的 bitmap 的改进方法

16.2.2　布隆过滤器简介

另一种利用 bitmap 的检索算法称为布隆过滤器（Bloom filter）。布隆过滤器利用了哈希函数映射与位图算法，可以完成数据的存在性检索。布隆过滤器的基本原理：首先，确定 K 个哈希函数，用于对输入数据进行映射，每个函数输出一个数字，这样就得到了 K 个数字。然后，将这 K 个数字对应到 bitmap 上的位点置为 1，也就是说，一个输入通过哈希函数被映射到了 K 个位点。（见图 16-6）将所有的数据存好后，如果想要查询某条数据是否已经存在，我们可以这样做：将这条数据用上述的 K 个哈希函数进行映射，得到 K 个位点，然后我们检查这 K 个位点是否全部为 1，如果全为 1，我们认为该数据存在，否则只要出现一个 0，我们就可以确定该数据不存在。

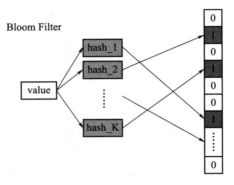

图 16-6　布隆过滤器的基本原理

我们可以仔细想一想这个检索方式有什么问题？很显然，如果映射的 K 个位点有某个或者多个为 0，那么肯定该数据不存在，因为如果存在，这些位点必然都是 1。但是，K 个位点都是 1 是否能确定该条数据一定存在呢？其实答案是不能。因为也有可能会是这样的情况：另外存的其他数据刚好也映射到这 K 个位置，将它置为 1。因此我们说，布隆过滤器判断存在的，可能有一定误判的概率；但是它判断不存在的，则必定不存在。布隆过滤器适用于允许一定容错程度的场景。

另外，布隆过滤器还有一个缺点，那就是它无法删除数据。造成这一点的原因和前面的误判的原因一样，都是来源于哈希函数的冲突。针对这个问题，人们也提出了各种改进方案。布隆过滤器在存储系统、缓存、数据库等相关领域也都有着广泛的应用。